# TRAITÉ

# DU JAVART

## CARTILAGINEUX.

PARIS.—IMPRIMERIE DE FÉLIX LOCQUIN,
RUE NOTRE-DAME-DES-VICTOIRES, N° 16.

# TRAITÉ
# DU JAVART
## CARTILAGINEUX;

### PAR M. RENAULT,

PROFESSEUR ADJOINT A L'ECOLE VETERINAIRE D'ALFORT.

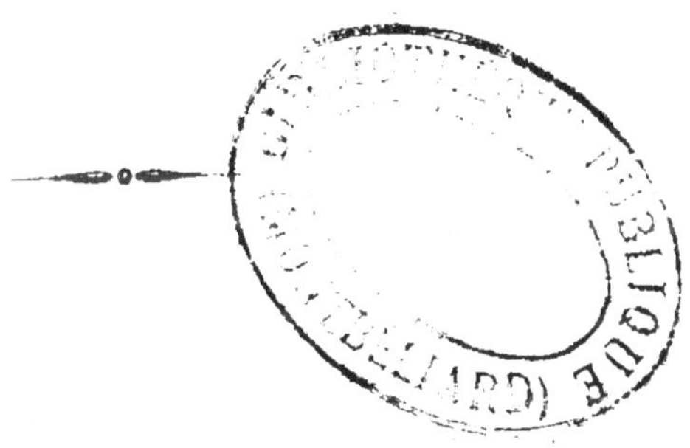

PARIS,

**BÉCHET JEUNE,**
LIBRAIRE DE LA FACULTÉ DE MÉDECINE,
PLACE DE L'ÉCOLE DE MÉDECINE, N° 4.

**BRUXELLES,**
AU DÉPÔT DE LA LIBRAIRIE MÉDICALE FRANÇAISE,

**AND LONDON,**
A. ALEXANDRE, IMPORTER
OF FRENCH MEDICAL SCIENTIFIC AND LITERARY WORKS,
37, Great Russel street, Bloomsbury.

1831.

# AVANT-PROPOS.

Ce fut en 1826 que je commençai à m'oc-
cuper du Traité que je publie aujourd'hui.
A cette époque, ce que nous avions de plus
complet sur le javart cartilagineux, se rédui-
sait à quelques pages de la première édition
du *Traité du pied*, de M. Girard; article
évidemment trop concis, et qui laissait beaucoup à désirer sur une maladie aussi grave
et aussi fréquente. J'avais remarqué cette
lacune au milieu de tant d'autres que présente la pathologie vétérinaire, et je travail-
lais depuis près de deux ans à réunir des
matériaux pour la remplir, lorsque pa-
rurent l'article *Javart* du Dictionnaire
de M. H. d'Arboval, et bientôt après, la
deuxième édition du *Traité du pied*,
par M. Girard.

La manière dont la carie du cartilage est présentée et décrite dans ces deux ouvrages, me parut beaucoup plus satisfaisante sans doute qu'elle ne l'avait été jusque-là ; mais je n'y trouvai pas cette précision de détails si utile dans l'étude des maladies en général, et si indispensable dans la description d'une opération, comme celle du javart cartilagineux, dans laquelle il suffit qu'un précepte soit méconnu, qu'une indication soit imparfaitement remplie, qu'une manœuvre soit mal exécutée, pour éloigner de beaucoup le terme de la guérison, ou donner naissance aux accidens les plus fâcheux. D'un autre côté, quelques-unes de mes idées sur des points fondamentaux, n'étaient point d'accord avec celles de ces deux auteurs qui, eux-mêmes, professaient des principes entièrement opposés sur des matières de la plus haute importance dans le traitement.

Ces considérations me déterminèrent à continuer mon travail, en me prouvant qu'il pouvait encore être utile. Pour fortifier ou rectifier au besoin celles de mes idées que je trouvais en opposition avec celles de MM. Girard et d'Arboval, je répétai sous les yeux des élèves les expériences que j'avais déjà faites ; leurs résultats furent confirmatifs de ceux que j'avais précédemment obtenus. Le hasard vint aussi me seconder dans mes recherches pratiques ; jamais, peut-être, le nombre des chevaux affectés de javart ne fut si grand aux hôpitaux de l'école, que pendant les années 1827 et 1828 : trente-sept animaux m'y fournirent des sujets précieux d'observations. Non content des nouveaux et nombreux documens que je puisais à la clinique de l'école, je voulus encore éclairer ma conviction des lumières de ceux des vétérinaires que leur expérience mettait à même de juger sainement cette question. Plusieurs d'entre eux voulurent bien m'honorer de leurs avis , et me faire part du fruit de leurs observations. Je citerai particulièrement MM. Bouley jeune, Vatel, Rossignol, que je remercie bien sincèrement de leur extrême obligeance.

Enfin, je puis assurer qu'il n'est pas une seule assertion dans ce Traité, que je ne puisse soutenir de plusieurs observations, soit personnelles, soit communiquées par des vétérinaires d'un mérite reconnu. Puissé-je avoir fait un usage convenable de tous les élémens que j'avais pour bien faire!

Le nom de M. H. d'Arboval se trouve souvent répété dans cet opuscule, avec des discussions sur celles de ses opinions que je ne partage point. Je désire qu'on ne voie, dans ces critiques, aucune intention de jeter du discrédit sur le livre de cet auteur. Si j'ai plusieurs fois cité son nom, c'est que l'ouvrage qu'il a publié est, comme il mérite de l'être, entre les mains d'un grand nombre de vétérinaires, et que, pour cette raison, j'ai dû signaler plus spécialement les idées qui m'y paraissaient erronées. D'ailleurs, et pour ne laisser aucun doute sur mes intentions à cet égard, je déclare hautement que, malgré ses nombreuses imperfections, et beaucaup d'erreurs, le Dictionnaire publié par M. H. d'Arboval est, selon moi, un des ouvrages les plus utiles, sinon le meilleur, que possède actuellement la médecine vétérinaire.

# TRAITÉ RAISONNÉ

## DU

## JAVART CARTILAGINEUX.

On désigne en médecine vétérinaire, sous le nom de *javart cartilagineux*, la carie partielle du fibro-cartilage de l'os du pied. C'est cette affection que M. Vatel a nommée tout récemment *fibro-chondrite du troisième phalangien des solipèdes* (1). On la trouve décrite dans les anciens ouvrages de maréchallerie, tantôt sous le nom de *javart-encorné*, tantôt sous celui *d'atteinte encornée*. Cependant Solleysel, tout en admettant que ces deux dénominations expriment la même maladie, établit entre elles cette différence : il appelle *atteinte encornée* la carie du fibro-cartilage due à une cause externe, et *javart-encorné* la même affection provenant d'une cause interne.

Lafosse fils reconnaît deux sortes de javarts-

(1) *Élémens de pathologie vétérinaire.* Paris, 1828.

1

encornés : l'un qui n'est autre chose que le javart simple (furoncle cutané) qui se développe
dans l'épaisseur du derme le plus voisin du
bourrelet ; c'est celui qu'il nomme *javart-encorné
proprement dit* : l'autre qui consiste dans la carie
du fibro-cartilage de l'os du pied, et qu'il appelle *javart-encorné improprement dit ;* c'est
le javart cartilagineux.

On n'a jamais bien défini le sens propre que
les anciens auteurs d'hippiatrique attachaient au
mot générique de *javart* ; il est vraisemblable
qu'eux-mêmes s'en servaient comme d'un mot
consacré par l'usage, et dont la valeur ne leur
était pas bien connue, car aucun d'eux n'en a
donné une explication satisfaisante. Cependant
il est à croire que les premiers qui appliquèrent
ce nom à des maladies qui aujourd'hui nous paraissent si différentes, avaient trouvé entre elles
un point matériel de ressemblance qui porta à les
désigner collectivement sous le même nom. En
effet, un trait commun à chacune des maladies
appelées *javarts*, est l'existence d'une portion
de tissu dégénéré, dont la présence provoque et
entretient des phénomènes morbides, et dont les
efforts de la nature tendent à favoriser l'expul-
sion. C'est ainsi que le javart cutané consiste
dans la gangrène d'une petite portion du tissu
cellulaire cutané qui tend à s'échapper au de-

hors, et qu'on désigne sous le nom de *bourbillon*. C'est ainsi que dans le *javart tendineux* qui
a tant de rapport avec le panaris de l'homme,
il arrive souvent qu'une portion du tissu cellulaire sous-cutané ou du tendon s'exfolie, et soit
rejetée au dehors. C'est ainsi, enfin, que dans
*le javart cartilagineux* la portion du cartilage
frappée de carie doit nécessairement être éli-
minée : c'est la condition de la guérison. Cette
explication étymologique, à laquelle je n'attache
d'ailleurs aucune importance, me paraît d'autant plus vraisemblable, que dans la plupart
des anciens ouvrages vétérinaires on voit que
ces portions de tissu mortifiées et expulsées
étaient désignées elles-mêmes sous le nom de
*javarts*. Aujourd'hui encore, beaucoup de vétérinaires, en parlant de la chute du bourbillon
dans le cas de furoncle cutané, disent que le
*javart* est sorti.

Avant d'étudier le javart cartilagineux, sous
le rapport de ses causes, de sa marche, de son
diagnostic, de son pronostic et du traitement
qu'il réclame, il est, selon moi, indispensable
de rappeler avec précision la disposition, les
rapports, la texture du fibro-cartilage qui en est
le siége ; de faire connaître les changemens qui
peuvent survenir dans son organisation, et de
décrire les caractères que lui imprime la carie.

J'insisterai, et pour cause, sur ces connaissances préliminaires trop souvent négligées dans
l'étude des maladies chirurgicales, et qui sont
ici surtout de la plus haute importance, puisque
c'est sur elles que reposent essentiellement les
bases du pronostic et du traitement raisonné du
javart cartilagineux.

### Des fibro-cartilages du 3ᵉ phalangien.

Au nombre de deux pour chaque pied, ces
fibro-cartilages, particuliers aux monodactyles,
sont généralement plus développés dans les pieds
antérieurs que dans les postérieurs; ils présentent aussi dans un même pied cette légère
différence, que celui du côté externe est un peu
plus élevé que celui du côté interne. J'indique,
sans m'y arrêter, ces particularités auxquelles se
rattachent des considérations physiologiques
pleines d'intérêt sans doute, mais tout-à-fait
étrangères à l'objet de ce mémoire.

Examiné isolément, chacun de ces organes
qui constitue une production fibro-cartilagineuse aplatie latéralement, est situé de chaque
côté sur l'articulation du second avec le troisième phalangien qu'il recouvre. Il s'étend de
bas en haut, depuis le bord latéral et supérieur de l'os du pied sur lequel il est implanté,

jusqu'au niveau de l'articulation de l'os du paturon avec celui de la couronne; et d'avant en arrière, depuis le milieu à peu près de la face externe du ligament latéral antérieur, jusqu'à l'extrémité des talons.

On lui reconnaît deux faces et quatre bords. La face externe, légèrement convexe dans toute son étendue, n'offre rien de remarquable. La face interne concave présente en avant de son milieu et vers le bord inférieur, une petite éminence à laquelle vient s'insérer une production ligamenteuse émanée de l'extrémité de l'os naviculaire; un peu plus en arrière, elle reçoit un autre cordon tendineux qui termine latéralement l'aponévrose plantaire, et se perd dans le fibro-cartilage avec lequel il se confond.

Le bord supérieur, très-mince, s'étend depuis l'origine supérieure du ligament latéral antérieur du pied, jusqu'un peu en arrière du ligament appelé *latéral postérieur* (1). Le plus ordinairement droit, il affecte quelquefois une direction légèrement curviligne : postérieurement, il se

___

(1) Il est aisé de se convaincre, en disséquant quelques pieds, que ce faisceau ligamenteux, qu'on a désigné jusqu'à présent sous le nom de ligament latéral postérieur de l'os du pied, est plutôt un ligament suspenseur du petit sésamoïde. En effet, ce cordon fibreux descendant de l'extrémité inférieure de l'os du paturon, se rend directement à l'extrémité

termine par une éminence plus ou moins prononcée, et dont le degré de saillie est déterminé
par la profondeur d'une petite échancrure qui se
trouve en avant.

Le bord inférieur, qui constitue la base du
cartilage, présente deux parties bien distinctes :
l'une (la moitié antérieure) qui tient à l'os du
pied, dans les anfractuosités duquel elle s'enfonce, recouvre la petite éminence tubéreuse
qui s'élève de cet os en arrière du ligament latéral antérieur ; l'autre (la moitié postérieure)
offre une disposition qui n'a encore été signalée
que d'une manière vague et très-incomplète.
En effet, à l'endroit où le bord inférieur quitte
l'os du pied, le cartilage se replie à angle droit
de dehors en dedans, et constitue une production aplatie de dessus en-dessous qui s'enfonce
dans la base du coussinet plantaire, dans l'épaisseur duquel elle se perd insensiblement. De cette
disposition il résulte que l'on pourrait distinguer
dans la moitié postérieure du cartilage deux
parties : l'une, aplatie d'un côté à l'autre, est la
principale ; l'autre, aplatie de dessus en-dessous,

du petit sésamoïde, et c'est de là que s'échappent quelques
fibres qui se portent, non pas à l'os du pied, mais bien à la
face interne du fibro-cartilage. Cependant, pour être mieux com-
pris, je lui conserverai dans le cours de ce mémoire le nom de
ligament latéral postérieur.

constituerait un appendice continuant en dedans le bord inférieur. C'est dans l'angle formé par la jonction de ces deux parties que se trouve la plus grande épaisseur du fibro-cartilage ; c'est là aussi que se font remarquer les larges et nombreuses ouvertures par lesquelles passent les différens vaisseaux qui traversent cet organe.

Le bord antérieur, oblique de haut en bas, et d'avant en arrière, présente supérieurement un petit prolongement qui s'étend en avant, et recouvre presque toute la largeur de l'origine du ligament latéral antérieur, auquel il est intimement uni. Il se continue antérieurement avec le tendon extenseur par le moyen d'une membrane ligamenteuse extrêmement forte, et de laquelle il est impossible de distinguer le cartilage avant la dissection. Le bord postérieur, beaucoup plus épais à la partie inférieure, a une direction très-oblique de haut en bas, où il se termine par une pointe mousse qui se contourne en dedans, et forme la base de la partie molle des talons.

*Rapports.* Par sa face externe, le fibro-cartilage est en rapport dans toute son étendue avec un réseau vasculaire veineux très-considérable, dont les différentes branches vont se dégorger dans la veine latérale du paturon, au niveau de l'échancrure du bord supérieur : en dehors de ce lascis vasculaire, les deux tiers inférieurs de cette même face sont recouverts par la paroi du sabot, et le tiers supérieur par la peau. Par sa face interne, il repose en avant sur la moitié postérieure du ligament latéral antérieur, duquel il est souvent difficile de le distinguer, lors surtout que dans un âge très-avancé, ce ligament a acquis la consistance et la nature fibro-cartilagineuses, ce qui, suivant M. Girard, arrive assez fréquemment. Un peu en arrière, au-dessus de l'éminence tubéreuse de l'os du pied, dans l'intervalle que laissent entre eux les deux ligamens latéraux, le cartilage recouvre immédiatement une portion de la capsule synoviale de l'articulation du second avec le troisième phalangien. Plus postérieurement, et à sa partie moyenne à peu près, se trouve le ligament latéral postérieur, dont il est séparé par une couche épaisse de tissu cellulaire graisseux ; enfin, dans toute sa moitié postérieure, il n'est plus en rapport qu'avec la base du coussinet plantaire.

J'ai dit qu'il existait au bord supérieur une échancrure plus ou moins profonde; c'est au niveau de cette échancrure que l'artère latérale du paturon pénètre sous le cartilage, et c'est au-dessous qu'elle se divise pour fournir les artères *plantaire* et *préplantaire*.

*Organisation*. La texture organique du fibro-cartilage de l'os du pied n'est pas la même dans tous les points de son étendue. Plus on l'examine antérieurement, et surtout vers sa base, plus sa substance ressemble à celle des cartilages proprement dits : elle est blanche, flexible, cassante et homogène. A mesure qu'on s'approche de sa partie postérieure, il perd ses caractères d'homogénéité ; il n'est plus aussi cassant ; et si on le déchire, on distingue dans son épaisseur des filamens fibreux interposés. Plus postérieurement encore, l'organisation fibro-cartilagineuse est plus prononcée ; et en regardant avec attention, il semble qu'il existe des noyaux cartilagineux isolés et entourés de substance entièrement fibreuse ; enfin, tout-à-fait à son extrémité postérieure, il est fibro-graisseux, pénétré par beaucoup de tissu cellulaire, et se confond avec le coussinet plantaire. Cet état du fibro-cartilage, si différent à sa partie antérieure et à sa partie postérieure, n'est pas seulement remarquable sous le rapport de l'élasticité du pied ; il est aussi fort intéressant à constater sous le rapport de la pathologie et de la thérapeutique du javart cartilagineux, comme nous aurons occasion de nous en convaincre plus tard ; ajoutons seulement ici que la vitalité de ce fibro-cartilage est en raison inverse de sa densité, et conséquemment qu'elle est beaucoup plus développée dans sa partie postérieure que vers sa base et son extrémité antérieure.

*Ossification*. Le fibro-cartilage de l'os du pied peut s'ossifier plus ou moins complétement. Les vieux chevaux sont ceux chez lesquels on rencontre le plus souvent cette ossification, ordinairement plus précoce chez les chevaux de trait que chez ceux qui font le service de la selle. Elle a rarement lieu chez les chevaux au-dessous de quatre à cinq ans ; cependant M. Sanitas, vétérinaire à Longjumeau, a eu occasion de la remarquer sur un cheval de trente mois, chez lequel la transformation osseuse du cartilage était presque complète.

Cette ossification se présente sous diverses formes : tantôt, et c'est principalement sur les vieux chevaux, elle occupe toute l'étendue du cartilage dont il ne reste plus de vestige ; dans ce cas, on n'a pas à craindre de voir s'y développer la maladie qui nous occupe : tantôt l'ossification n'a envahi qu'une petite partie de la base du cartilage, et elle ne paraît qu'un développement excessif, qu'une extension outre mesure de l'éminence tubéreuse de l'os du pied. Quelquefois toute la face externe du cartilage est transformée en substance osseuse, et la face interne a conservé sa texture normale. D'autres fois l'ossification n'existe que dans le tiers ou la moitié antérieure seulement, tandis que la partie postérieure n'a éprouvé aucun changement d'organisation ; mais je ne sache pas qu'on ait jamais rencontré la disposition inverse. Enfin il arrive, mais plus rarement, que l'ossification est rayonnée, c'est-à-dire qu'elle consiste en lames ou filamens osseux partant de la base et s'étendant vers tous les points de la circonférence ; les interstices de ces prolongemens sont remplis par la substance fibro-cartilagineuse.

Quoi qu'il en soit de ces états différens sous lesquels se présente l'ossification du fibro-cartilage, il n'en est pas moins extrêmement probable qu'une fois commencée elle ne s'arrête plus, et qu'elle finit par envahir tout le cartilage, en procédant toujours de la base. M. Bracy-Clark pense, et c'est avec raison je crois, que la ferrure est une des causes les plus ordinaires de l'ossification du cartilage ; il explique son action par l'immobilité à laquelle elle condamne le pied, en empêchant l'exercice de son élasticité naturelle. C'est pour la même raison sans doute que l'ossification est plus fréquente sur les gros chevaux de trait, chez lesquels l'élasticité est moins souvent et moins fortement mise en jeu, soit à cause de l'épaisseur plus grande de leur sabot, soit, et plutôt, à cause de la nature de leur service. M. Regnier, vétérinaire aux messageries royales, serait fondé à croire que l'ossification du fibro-cartilage est quelquefois sollicitée par une irritation long-temps entretenue sur cet organe. Il a observé dans plusieurs circonstances que des chevaux chez lesquels il s'était assuré de la flexibilité parfaite du fibro-cartilage, ayant été affectés du javart, et opérés après avoir été traités pendant quelque temps sans succès par les caustiques, avaient offert des points d'ossification bien remarquables au voisinage des parties malades.

*Carie.* La carie est la terminaison la plus ordinaire de l'inflammation du fibro-cartilage de l'os du pied. Quand on examine un cartilage sur lequel elle existe, on trouve des désordres toujours en rapport avec l'ancienneté et l'intensité de la maladie. Dans tous les cas, on remarque rarement que les portions qui ont subi la dégénérescence verte qui constitue la carie, aient une étendüe excédant celle d'une petite pièce de cinq sols ; on ne saurait mieux les comparer qu'à la plumule d'un haricot : elles ont la forme d'une petite plaque d'un vert pomme, ordinairement alongée, et tenant aux parties saines du cartilage par celle de leurs extrémités qui est la plus antérieure et la plus profonde. Les points du fibro-cartilage qui sont en contact immédiat avec la portion cariée, ont eux-mêmes une nuance d'un vert très-pâle ou d'un blanc terne légèrement brunâtre; mais le plus souvent cette exfoliation ne touche directement le cartilage que par son extrémité fixe; dans tout le reste de son étendue, elle en est séparée, isolée en quelque sorte par un tissu rougeâtre mollasse, qui paraît être du tissu cellulaire infiltré. Ce tissu tapisse tout le trajet fistuleux, depuis l'ouverture extérieure jusqu'au fond; il semble destiné à mettre le cartilage qu'il revêt à l'abri de l'irritation qu'y produirait inévitablement le passage continuel du pus. Les parties qui avoisinent le cartilage sont plus ou moins tuméfiées. La fistule qui s'étend à travers ces tissus depuis le point carié, n'a pas toujours une direction droite; quelquefois elle se dirige sans dévier de dehors en dedans jusqu'à une certaine profondeur; puis tout à coup elle se courbe sous un angle plus ou moins obtus, et se prolonge de haut en bas de manière à former différentes sinuosités. Ces changemens brusques de direction qu'affectent assez souvent les trajets fistuleux, surtout quand ils sont anciens, sont fort importans à connaître, lorsqu'il s'agit de décider à quel genre de traitement on devra recourir; et il est souvent arrivé à des vétérinaires d'avoir employé le feu ou les caustiques à plusieurs reprises et sans succès, parce que le cautère actuel ou potentiel qui pénétrait bien jusqu'à l'endroit où la sonde s'arrêtait, n'allait pas jusqu'à la carie, à cause des sinuosités de la fistule.

Quand par les seuls efforts de la nature, la portion cariée se détache et est poussée au dehors, déjà, le plus souvent, son contact a affecté les portions qui l'avoisinaient; celles-ci, passant par les mêmes degrés d'altération, se détachent et finissent par être éliminées à leur tour, jusqu'à ce qu'il ne reste plus rien du cartilage.

Lorsque la carie existe à la partie postérieure, les choses ne se passent pas toujours ainsi que nous venons de le dire : là, le fibro-cartilage est moins homogène; il n'est pas partout continu à lui-même, et les différens noyaux cartilagineux qui s'y trouvent, étant à quelques endroits complétement entourés de tissu cellulaire fibrograisseux, il en résulte que la portion cariée n'étant point en contact avec un tissu semblable à elle, mais avec un tissu plus vivant, y développe une inflammation dont la terminaison a lieu par suppuration; des bourgeons charnus se forment, et il s'établit là une véritable inflammation éliminatoire, sous l'influence de laquelle le bourbillon se détache plus promptement et est expulsé, avant d'avoir pu affecter par sa présence les tissus de même nature qui l'avoisinaient.

J'ai vu à l'École d'Alfort deux chevaux destinés aux travaux des élèves, sur lesquels le cartilage avait été complétement détruit par les seuls progrès d'une carie lente abandonnée à elle-même. Chez l'un de ces animaux où elle existait depuis neuf mois, il ne restait plus que la largeur d'un centime de cartilage déjà à moitié verdâtre, vers la partie antérieure et inférieure, un peu en avant de la capsule synoviale : tout le reste du fibro-cartilage avait été détruit, et était remplacé par un tissu fibreux, comme lardacé, blanchâtre, très-résistant, et doué d'une certaine élasticité. La tuméfaction de la couronne n'était pas très - considérable ; on y voyait de nombreuses cicatrices, traces des fistules par lesquelles s'étaient successivement échappées les différentes portions du cartilage, au fur et à mesure qu'elles s'étaient cariées.

L'autre cheval était à peu près dans le même état ; mais je ne pus savoir depuis combien de temps il était malade : il y avait sans doute fort long-temps, car le sabot était sensiblement rétréci, et ce resserrement occasionnait une forte claudication. Ce tissu lardacé, dont je viens de parler, existe toutes les fois que le cartilage a été détruit, soit par la carie, soit par les caustiques ou le feu, soit par l'instrument tranchant. Il paraît, jusqu'à un certain point, destiné à remplir les fonctions du fibro-cartilage qu'il remplace.

*Marche de la Carie*. La marche de la carie est toujours en rapport avec l'intensité d'action de la cause qui l'a déterminée, la partie de l'organe affectée et le tempérament du sujet. Ordinairement lente quand elle résulte d'une cause qui a agi sans violence sur un cheval peu irritable, elle est au contraire très-rapide quand elle est la suite, par exemple, d'une forte contusion qui a profondément agi sur le cartilage, et que le malade est d'un tempérament irritable. Il est bien remarquable que les progrès de la carie se font toujours de la partie postérieure vers la partie antérieure, de dehors en dedans et de haut en bas. Je n'ai jamais vu de fistules se diriger dans un autre sens, à quelque point de la couronne qu'elles aient existé.

*Causes*. Les causes du javart cartilagineux sont quelquefois ignorées; cependant il n'en est pas moins certain qu'elles sont toutes physiques, et le plus souvent extérieures. On ne croit pas aujourd'hui que cette maladie puisse se développer spontanément.

Les plus fréquentes de ces causes sont, sans contredit, les contusions que se donne l'animal, ou qu'il reçoit sur les parties latérales de la couronne, contusions que l'on désigne en médecine vétérinaire sous le nom *d'atteintes*. Quand ces contusions ont lieu sans altération sensible de la peau, on les appelle *atteintes sourdes*. La carie est quelquefois produite par la piqûre d'un clou de rue à pointe moussé, qui a pénétré profondément dans la sole des talons, et a atteint la partie postérieure du cartilage. Il arrive aussi qu'en opérant la bleime suppurée, ou en faisant l'ablation du quartier, on met à découvert, on blesse, on comprime trop fortement le cartilage sous-jacent aux portions de corne qu'on a enlevées, et on donne lieu au javart cartilagineux. On peut encore déterminer la carie du cartilage quand, après une brèche quelconque faite à la paroi, et qui nécessite une forte compression, on fait prendre un point d'appui à la ligature sur la partie molle des talons. Cet accident arrive surtout après l'opération du javart cartilagineux, tout l'appui de la ligature se faisant alors sur un seul talon. Lorsqu'à la suite d'une bleime suppurée, d'une piqûre ou d'une enclouure, le pus qui se forme sous la sole ne trouve pas d'issue en bas, il fuse sous la paroi, la détache du tissu feuilleté qu'il détruit ou altère, et pénètre jusqu'au cartilage, dont il produit l'inflammation et la carie, et quelquefois en même temps celles de l'os du pied. C'est de la même manière qu'agissent les furoncles très-aigus qui surviennent à la peau du bourrelet, et auxquels succède si souvent le javart cartilagineux ; le produit de la suppuration ne pouvant s'échapper au dehors à cause de la résistance opposée par le biseau de la corne, séjourne sur le cartilage et le carie ; d'autres fois la carie ne survient qu'après la chute d'une large portion de peau qui laisse ainsi le cartilage au contact de l'air.

On a dit que la matière des eaux aux jambes pouvait donner un caractère ulcéreux aux plaies existantes déjà sur la couronne, et causer ainsi la carie du cartilage. Je ne pense pas qu'il y ait rien de spécifique dans cette action de la matière des eaux aux jambes ; car le même effet est produit par la malpropreté, sur de simples atteintes qui se seraient promptement cicatrisées par les seuls soins de propreté.

En général, les contusions et les plaies contuses du fibro-cartilage sont les causes les plus fréquentes de la carie ; et il ne paraît pas qu'elle soit produite aussi inévitablement par les blessures simples, par celles qui, comme les coupures ou les entamures avec des instrumens bien tranchans, les piqûres avec des corps très-aigus, agissent sur le fibro-cartilage sans le meurtrir ni l'écraser. C'est ce que j'avais cru remarquer plusieurs fois, et ce qui m'a été démontré par les expériences suivantes faites à l'École d'Alfort.

1º. J'ai fait pénétrer la pointe d'un clou à ferrer sur plusieurs points du fibro-cartilage et à diverses profondeurs; j'ai répété la même opération sur les quatre couronnes du même cheval; il n'a pas boité un seul instant, et il n'y a pas eu d'apparence de suppuration. L'animal ayant été sacrifié deux mois après, j'ai vainement cherché sur les cartilages les traces qu'auraient pu laisser ces blessures.

2°. J'ai mis à découvert le tissu fibro-vasculaire qui recouvre le cartilage, dans une étendue d'un demi-pouce carré; je n'ai point fait de pansement, et la plaie s'est cicatrisée au bout de huit à dix jours, sans qu'il y ait eu un seul instant manifestation de la carie.

3°. Après avoir mis à nu la largeur d'un centime de cartilage vers le milieu de sa face externe, j'en ai enlevé la grosseur d'un pois à peu près avec une feuille de sauge. Deux de ces expériences ont été suivies de la guérison pure et simple au bout de quinze jours, après une légère suppuration. Dans une troisième expérience semblable en tout aux deux premières, la carie s'est manifestée le neuvième jour, et le cheval a été sacrifié le quinzième.

4°. Cinq chevaux morveux ayant été mis à ma disposition, ont été soumis aux expériences suivantes : j'ai appliqué l'extrémité d'un gros poinçon très-obtus sur la face externe des cartilages de chacun des pieds de ces animaux, et en frappant avec un fort marteau sur la tête de ce poinçon, j'en ai fait pénétrer la pointe dans le cartilage à diverses profondeurs. Sur vingt plaies contuses de ce genre, seize se sont terminées par la carie avant le septième jour; les quatre autres se sont recouvertes de bourgeons charnus de belle apparence; une suppuration louable et peu abondante eut lieu, et la cicatrice était presque complète quand on a sacrifié les animaux. Il est à remarquer que parmi les quatre plaies qui ne se compliquèrent pas de la carie, trois avaient été faites à la partie postérieure du cartilage.

Les javarts cartilagineux s'observent bien plus souvent sur les chevaux de trait que sur ceux qui font le service de la selle; ils sont plus fréquens chez ceux qui sont soumis à des exercices fatigans, qui travaillent sur des terrains inégaux et caillouteux, ou au milieu des boues âcres des grandes villes. Ce n'est pas que chez ces animaux le cartilage soit par sa nature plus disposé à contracter la carie, mais c'est parce qu'ils sont plus exposés à l'action des causes occasionnelles des javarts; c'est parce que les poils qui leur couvrent l'extrémité infé-rieure des membres, dérobent le plus souvent aux yeux des propriétaires les atteintes qui deviennent bientôt des javarts ; c'est parce que le peu de soin que donnent à beaucoup de ces animaux les charretiers auxquels ils sont confiés, est cause qu'un accident fort simple dans son principe, et qu'un traitement rationnel aurait fait disparaître, donne naissance à la carie, parce qu'il a été complétement négligé. Les chevaux de troupes qui marchent quelquefois en peloton serré, les chevaux qui reviennent de foire, et qui sont attachés par bandes les uns à à la suite des autres, peuvent ainsi se donner réciproquement des atteintes, desquelles la carie serait peut-être bien souvent la conséquence, si les militaires ou les marchands étaient moins attentifs à en prévenir le développement par des soins bien entendus.

Chabert a remarqué que les chevaux qui forgent (1) étaient par cela même plus fréquemment affectés de javarts cartilagineux, suite des blessures qu'occasionne la pince des pieds postérieurs sur les talons des pieds antérieurs.

Les chevaux que leur service expose à s'attraper souvent ( les limoniers ), et dont les fers

______

(1) On dit qu'un cheval *forge*, en maréchallerie vétérinaire, quand, pendant la marche, la pince des pieds postérieurs vient heurter les talons, les éponges ou la voûte des fers des pieds antérieurs.

sont pourvus de crampons à l'éponge interne, sont plus exposés que les autres à être atteints de javarts cartilagineux; aussi est-ce un des graves inconvéniens que Gohier reproche avec raison aux crampons trop élevés, surtout quand ils sont anguleux.

Les vieux chevaux sont en général plus souvent affectés que les jeunes de la carie du cartilage; la raison en est, sans doute, qu'en vieillissant ces animaux passent entre les mains de personnes qui les soignent moins bien à cause de leur moindre valeur.

La carie du cartilage paraîtrait, jusqu'à un certain point, avoir lieu plus fréquemment aux membres postérieurs qu'aux membres antérieurs. C'est du moins ce qui résulte d'un relevé fait sur 117 observations que j'ai réunies : 69 existaient sur des membres postérieurs, et 48 seulement sur les membres antérieurs : doit-on en chercher la raison dans une différence qui existerait dans les propriétés physiques et vitales des fibro-cartilages des uns ou des autres de ces membres? doit-on la chercher plutôt dans la position des membres postérieurs qui seraient plus exposés à l'action des causes du javart? c'est ce que je ne saurais décider ; peut-être même chacun des membres y est-il également exposé, et ne dois-je qu'au hasard d'avoir rassemblé plus d'observations de carie des extrémités postérieures. Ce qui est moins douteux, c'est que cette affection se remarque plus fréquemment au cartilage du dedans qu'au cartilage du dehors, et vers la partie postérieure du cartilage que vers la partie antérieure.

*Diagnostic.* La carie du cartilage est le plus ordinairement facile à reconnaître ; il est pourtant des cas où le vétérinaire serait assez embarrassé de se prononcer sur son existence. Elle s'annonce par une tumeur plus ou moins volumineuse qui survient à la couronne sur le côté correspondant à l'affection ; cette tumeur, presque toujours dure, est plus ou moins chaude et douloureuse, suivant l'irritabilité des sujets et la nature de la cause qui a déterminé la carie.

Une ou plusieurs fistules s'ouvrent sur l'étendue de cet engorgement, et donnent écoulement à une humeur puriforme généralement peu abondante, quand les symptômes inflammatoires locaux sont peu prononcés. Lorsque ces fistules sont profondes, il est facile de reconnaître l'existence de la carie par l'introduction d'une sonde en plomb ou en gomme élastique. La sonde dont on se sert pour explorer les fistules doit être mousse et très-flexible, notamment quand la fistule se dirige vers l'articulation du deuxième avec le troisième phalangien : autrement, et sans une extrême précaution, on serait exposé à blesser la capsule, si la carie avait déjà traversé le cartilage sur la partie de cet organe qui la recouvre immédiatement. La flexibilité de la sonde offre en outre ce précieux avantage, qu'elle peut pénétrer dans toutes les sinuosités, suivre tous les contours, et donner ainsi la mesure de l'étendue des désordres et de la gravité de la maladie. Mais il arrive quelquefois que la sonde ne pénètre pas assez profondément, pour donner la certitude d'une altération du cartilage. On est surtout fort embarrassé quand la couronne est le siége d'un engorgement considérable. Cette impossibilité, ou cette difficulté de faire pénétrer la sonde, peut dépendre de trois causes : ou bien la fistule ne s'étend pas jusqu'au cartilage, elle n'intéresse que l'épaisseur des tissus tuméfiés et indurés, et alors il n'y a réellement pas de javart; ou bien elle ne se prolonge que jusqu'à la superficie du cartilage, et le javart offre peu de gravité; ou bien elle est très-profonde; mais son changement brusque de direction empêche le stilet de la suivre : ce cas est sans contredit le plus dangereux. Il importe donc beaucoup, quand on soupçonne l'existence de la carie, de ne pas s'en laisser imposer par le peu de profondeur apparente de la fistule, et de ne pas prononcer légèrement qu'il y a ou qu'il n'y a pas carie du cartilage; une semblable méprise pourrait avoir les plus graves conséquences, et exposerait, soit à traiter, comme atteint du javart, un cheval qui n'aurait qu'une affection ulcéreuse de la peau ou des parties sous-jacentes; soit à essayer des moyens peu énergiques pour combattre comme superficiel un javart qui s'étendrait jusqu'à la base du cartilage, et aurait réclamé de suite l'emploi d'un traitement plus complet. Les caractères du pus pourront aider à sortir d'embarras dans ces circonstances douteuses. On a dit que dans le javart cartilagineux, le pus avait l'odeur de la carie des os et une couleur légèrement verdâtre : c'est une erreur. J'ai vu un grand nombre de chevaux chez lesquels le produit de la suppuration n'avait aucune odeur ni couleur particulières. Toutes les fois donc que le pus a une fétidité remarquable, il doit cette qualité à des causes indépendantes de la carie du cartilage. Mais un caractère particulier et plus constant du liquide qui s'écoule des fistules, c'est d'être plus ou moins clair, visqueux ou glaireux, filant à la manière de la synovie. Ces caractères sont d'autant plus saisissables, que ce liquide est moins étendu dans le produit de la suppuration des parties environnantes. S'il arrivait ( comme cela a lieu quelquefois ) que ce pus particulier qu'on voudrait examiner, ne s'écoulât que trop lentement pour qu'il fût possible d'en apprécier les caractéres, on appliquerait un linge recouvert d'un plumasseau sur l'ouverture de la fistule; on maintiendrait ce petit appareil avec quelques tours de bande, et le lendemain il se serait déposé sur la toile une assez grande quantité de liquide pour permettre d'en reconnaître la nature. C'est seulement quand la maladie a déjà fait des progrès, qu'il s'échappe de temps en temps par les fistules des parcelles verdâtres, débris mortifiés du cartilage, qui sortent par exfoliations naturelles.

Mais il n'existe pas toujours de fistule à la couronne; et, dans quelques circonstances, le mal aurait déjà bien étendu ses ravages, si l'on attendait qu'il s'en établît sur cette région pour constater l'existence de la carie. C'est lorsque cette affection est consécutive à des causes qui ont porté leur action directe à la face inférieure du pied; ainsi des bleimes, des piqûres, etc., etc. Voici alors quels sont les signes à l'aide desquels on peut, je ne dirai pas affirmer, mais soupçonner la maladie; ils sont loin d'être aussi certains et aussi faciles à saisir que les précédens : les douleurs locales sont très-vives; la boiterie est extrême et beaucoup plus forte que ne comporte une simple piqûre ou une bleime, lorsqu'on a pratiqué une issue à la matière; la couronne qui, dans le principe de la maladie primitive, n'avait pas paru malade, se tuméfie, devient chaude, douloureuse ; elle blanchit dans toute la partie que recouvre le périople du côté du mal ; et, sur ce point, on voit manifestement un suintement séro-purulent, indice de la présence d'un liquide sous la peau de la couronne ou sous le biseau de la muraille ; c'est ce qu'on exprime en médecine vétérinaire, en disant que la matière *souffle au poil*. Cependant ces symptômes peuvent bien survenir sans être pathognomoniques de la carie ; ils indiquent seulement que le pus a fusé sous la paroi qu'il a séparée du tissu feuilleté. Mais alors, comme on est obligé d'en venir à l'extirpation de la portion de paroi que la suppuration a détachée ( quand les moyens plus simples ont été inutilement employés ), le cartilage se trouvant pour ainsi dire à découvert par cette opération, il est aisé de se convaincre du véritable état de cet organe, et de procéder à son ablation séance tenante, si le cas l'exige. C'est ce qui sans doute est déjà arrivé à plus d'un vétérinaire.

La boiterie n'est pas un symptôme constant du javart cartilagineux. Chez quelques chevaux, comme chez les gros chevaux de trait, à tempérament lymphatique, elle est à peine sensible et même nulle pendant assez long-temps. Elle est généralement moindre aux pieds de derrière, et quand la carie affecte la partie postérieure du cartilage.

Lorsque le javart cartilagineux ne date que de quelques jours ou de quelques semaines, le sabot n'en paraît pas encore sensiblement affecté. Mais lorsqu'il est déjà ancien, il est facile de s'en apercevoir à la forme du sabot, dont la muraille du côté correspondant à la carie a changé de direction : le quartier se resserre de telle sorte, que la corne qui a poussé de ce côté depuis que la maladie existe, affecte visiblement une direction plus verticale que celle qui se trouve plus près du bord plantaire du sabot, avec laquelle elle forme par conséquent un angle plus ou moins obtus. Ce changement dans le sens de l'accroissement de la paroi est d'autant plus marqué, que l'engorgement du bourrelet est plus considérable. C'est en me rappelant que la muraille croît de sept à huit lignes par mois, et en tenant compte de l'étendue de cette corne qui avait déjà pris une nouvelle direction, que plus d'une fois, en présence des élèves, j'ai fait avouer la vérité à des propriétaires qui cherchaient à m'en imposer, en m'assurant que des javarts déjà anciens n'existaient que depuis quelques semaines. Solleysel, qui avait fait attention à ce resserrement du sabot à la suite du javart, a observé une chose fort juste

en disant que « la boiterie qui accompagne sou-
» vent le javart est quelquefois le résultat du
» desséchement, du *resserrement* de l'ongle au-
» dessous de l'enflure. »

*Pronostic.* Le javart bien constaté est une
maladie généralement grave; non pas parce
qu'elle intéresse des organes prochainement in-
dispensables à la vie, mais parce qu'elle nuit essentiellement, ou s'oppose tout-à-fait aux travaux de l'animal qui en est attaqué; parce qu'elle
réclame un traitement ordinairement long, quelquefois incertain, et nécessite souvent une opération délicate et très-douloureuse, dont les
suites peuvent bien n'être pas heureuses dans
tous les cas.

Le pronostic est d'autant plus fâcheux que
l'animal boite davantage, soit que cette boiterie
dépende du plus d'irritabilité du sujet, car alors
les suites de l'opération sont plus à craindre;
soit qu'elle dépende de complications particulières, car alors les désordres étant plus étendus,
la cure sera plus longue, plus difficile, et les résultats plus douteux. C'est ainsi que le javart est
plus grave, quand il est la suite des bleimes, de
clous de rue, etc., etc., parce que dans ce cas il
est souvent compliqué de carie de l'os du pied,
ou au moins de destruction d'une portion du

tissu podophylleux, dont l'intégrité est si indispensable à une prompte guérison.

Le plus ou moins d'ancienneté du javart influe très-peu sur le pronostic, quand il n'y a que le cartilage d'affecté, et que le resserrement de l'ongle n'est pas assez considérable pour faire boiter l'animal.

Le javart est plus à craindre aux membres antérieurs : d'abord, parce que les animaux en souffrent davantage; ensuite et surtout, parce que, dans le cas où l'opération a dû être mise en usage, il est d'observation que la guérison se fait attendre plus long-temps, et que les animaux se redressent plus difficilement. Il en est de même des suites de l'opération considérée sur le cartilage interne et sur celui de dehors : elle est généralement plus heureuse sur ce dernier. La carie qui existe à la partie postérieure du cartilage offre beaucoup plus de chances de succès aux traitemens les plus simples, que celle qui affecte la partie antérieure, pour laquelle on est presque toujours obligé d'avoir recours à l'ablation complète de l'organe.

Enfin, toutes choses égales d'ailleurs, le javart est plus grave sur un cheval de selle ou destiné à une allure vive, que sur un cheval destiné à travailler au pas; plus grave sur les animaux qui habitent les grandes villes, que sur ceux qui servent dans des campagnes; ces derniers, vu la nature du terrain sur lequel ils cheminent, pouvant encore rendre des services, soit pendant le traitement, lorsqu'il est simple, soit long-temps avant la parfaite guérison, lorsqu'on a pratiqué l'opération. Je n'ai pas besoin de dire que le pronostic doit être plus fâcheux toutes les fois que, par l'effet des progrès du mal ou de toute autre cause, le bourrelet est détruit en totalité ou en partie; j'en expliquerai plus tard la raison. L'écoulement de la synovie par une ouverture ulcéreuse de la capsule, est un des accidens les plus funestes qui puissent accompagner la carie du fibro-cartilage.

### TRAITEMENT.

Quand la carie n'existe qu'en talon, qu'elle est récente, que la fistule est peu profonde, on se borne à couper les poils autour du point malade, et on entoure le pied d'un cataplasme émollient que l'on renouvelle matin et soir pendant quelques jours. Les bains émolliens seront aussi employés avec avantage, si la couronne est chaude et douloureuse. Ce traitement simple, par lequel on doit presque toujours débuter, m'a quelquefois réussi complétement au début de la maladie : quand ses effets sont heureux, on voit bientôt la portion cariée apparaître à l'orifice de la fistule, mais il ne faut pas l'arracher ; on la laisse se détacher d'elle-même ; elle tombe, et laisse après elle une petite plaie qui se cicatrise assez promptement. Dans le cas où l'étroitesse de l'ouverture de la fistule pourrait retarder la sortie du bourbillon, il n'y a pas d'inconvénient à débrider avec l'instrument tranchant.

Si la carie qui se trouve en talon résiste à l'emploi des moyens que je viens d'indiquer, on peut essayer l'extirpation du point altéré avec l'instrument tranchant, sans enlever la muraille ; mais ce n'est qu'avec la plus grande circonspection, et seulement quand il n'y a de carié qu'un point très-circonscrit de la partie postérieure du cartilage, qu'on doit avoir recours à ce moyen, qui n'a réussi que dans quelques circonstances, et qui a échoué dans un bien plus grand nombre d'autres. M. Vatel a publié, dans le *Recueil de médecine vétérinaire*, deux exemples de guérison du javart cartilagineux par la simple amputation de la partie cariée. Dans les deux observations de ce professeur, la carie s'était développée à la suite d'une bleime suppurée, et n'affectait que la partie inférieure de l'extrémité postérieure du cartilage : c'est ce que M. Vatel fait remarquer avec raison, pour s'expliquer le succès de son opération, qu'il est loin de recommander, quoiqu'elle lui ait réussi deux fois; « car, ajoute-t-il, nous avons » reconnu, dans plus d'une circonstance, le » résultat fâcheux d'ablations incomplètes du » fibro-cartilage. » Cette opinion, émise d'abord par Lafosse, est aussi celle de la plupart des vétérinaires qui ont souvent eu des javarts à traiter.

M. Sanitas, vétérinaire à Longjumeau, a eu la complaisance de me faire part de trois faits recueillis dans sa pratique, et constatant l'heureux résultat d'excisions partielles essayées contre la carie du fibro-cartilage survenue en talon à la suite d'atteintes. L'opération consistait à faire une large incision sur les tissus qui recouvrent le point carié, de manière à le découvrir et à l'extraire plus facilement avec un bistouri ou une feuille de sauge bien tranchante. Malgré ces trois guérisons, M. Sanitas m'assure, dans sa lettre, qu'il préfère en venir tout d'abord à l'extraction complète du fibro-cartilage, attendu qu'il a été *bien souvent* obligé de la mettre en pratique, après avoir inutilement essayé l'extirpation pure et simple de la partie altérée. Je pense, comme MM. Vatel et Sanitas, qu'on ne saurait être trop réservé sur l'emploi d'un moyen si rarement efficace, que n'osent pas même recommander ceux entre les mains desquels il a quelquefois réussi.

Mais quand la carie ne se borne pas aux parties superficielles des talons, quand elle existe plus profondément, soit à la partie antérieure, soit à la partie postérieure du fibro-cartilage, il devient nécessaire d'avoir recours à des moyens plus actifs, et dont l'énergie soit proportionnée à la gravité de la maladie. La thérapeutique offre trois méthodes principales de traitement contre le javart cartilagineux : l'une par le cautère actuel (méthode par le feu), l'autre par le cautère potentiel (méthode par les caustiques), la troisième par l'extirpation complète du fibro-cartilage (méthode par l'opération).

Faisons connaître d'abord chacun de ces modes de traitement, suivant l'ordre dans lequel nous venons de les indiquer, c'est-à-dire en commençant par le plus simple ; indiquons la manière de procéder à leur application, et nous discuterons ensuite les différentes opinions qui ont été émises sur les avantages et les inconvéniens de chacun d'eux.

## 1° EMPLOI DU CAUTÈRE ACTUEL.

La méthode par le feu dans le traitement du javart était d'un fréquent usage chez les anciens

hippiatres ; mais elle était loin d'être alors ce qu'elle est aujourd'hui. Quels que fussent le siége et l'étendue du mal, lorsque les anciens maréchaux avaient recours à l'emploi du feu, ils se servaient d'un cautère tranchant qu'ils appelaient *couteau de feu*, dont Solleysel prescrit ainsi l'usage : « Il faut rayer de feu toute l'en-
« flure, depuis le haut jusqu'au-dessous de la cou-
« ronne sur la corne, les raies près à près et si
« profondes, qu'après avoir percé le cuir, elles
« aillent trouver et brûler le tendon (cartilage)
« qui est quelquefois plus et quelquefois moins
« avant dans le pied ; et si on ne brûlait que la
« moitié de l'épaisseur du tendon, ce ne serait
« rien faire, il faut le couper entièrement avec
« le feu ; et après qu'on a embrassé avec le feu
« toute l'enflure, il faut mettre sur le tout de
« l'onguent composé de vieil oing et de vert-de-
« gris, que l'on applique chaudement sur la
« filasse ; sur le tout une enveloppe et une liga-
« ture pour tenir l'appareil. »

On conçoit tous les accidens qui devaient ré-sulter d'une pareille méthode, puisqu'en détrui-sant le principal agent de sécrétion de la mu-raille du sabot, elle donnait inévitablement naissance à un faux quartier : heureux encore, quand on n'occasionnait pas d'autres désordres sur les parties plus profondes que le cautère devait atteindre aussi quelquefois. La guérison à la suite d'une pareille opération devait en outre être fort longue : aussi Solleysel prévient-il les « lecteurs que le feu difforme et gâte la forme du « pied, ce qui est long-temps à se rétablir, paraît « toujours, e souvent ne se rétablit point. »

_ Tel n'est pas aujourd'hui le mode de cautérisation par le cautère actuel. On se borne à toucher avec cet instrument toute la portion malade du fibro-cartilage de manière à arrêter les progrès de la carie, en la convertissant en une escarre dont une inflammation éliminatoire aura bientôt déterminé la séparation et la chute. A cet effet, la carie étant reconnue, on commence par s'assurer exactement de la direction et de la profondeur de la fistule ; on prépare ensuite un cautère conique ayant un diamètre et une longueur proportionnés à la largeur et à la profondeur du trajet fistuleux. Si la région inférieure du membre était chaude et douloureuse et que l'animal boitât beaucoup, il serait prudent de lui envelopper la couronne pendant quelques jours avec un cataplasme émollient, et de le laisser à l'écurie jusqu'à ce qu'il y ait un amendement notable dans les phénomènes inflammatoires. Avant l'opération, on pare bien le pied, surtout vers le quartier et le talon correspondans au côté malade ; et si l'animal a une bonne four-

chette, on lui met un fer à planche pour soustraire autant que possible la partie malade à
l'impression douloureuse des réactions de la
muraille pendant la marche. Après ces premières
préparations, on fixe solidement le malade qu'on
laisse debout, à moins qu'il ne soit très-méchant;
on fait lever avec la plate-longe le pied opposé
latéralement à celui sur lequel on doit agir, et
on plonge le cautère chauffé à blanc dans la
direction de la fistule, de manière à pénétrer
jusqu'à son fond, et à convertir en escarre toutes
les portions affectées de la carie. Si on croit ne
pas y être parvenu dans une première application du cautère, on en fait une deuxième, en
prenant bien garde toutefois de ne pas traverser
le cartilage au-dessous duquel se trouvent des
organes, d'autant plus importans à ménager
qu'on opère plus antérieurement. Après la cautérisation de la fistule, si la couronne est engorgée, on dissémine quelques pointes de feu non
pénétrantes sur toute l'étendue de la tuméfaction. Là se borne l'opération. Le pansement est
simple et consiste seulement, jusqu'à la chute
de l'escarre, à recouvrir d'onguent populeum
et d'un cataplasme émollient toutes les parties
cautérisées. On laisse le malade à l'écurie. Il est
rare que la chute des escarres n'ait pas lieu du
cinquième au dixième jour; elle est en général

plus prompte vers les parties postérieures. Si les plaies qu'elles découvrent sont vermeilles, si la suppuration est louable, on panse avec des plumasseaux imbibés d'eau vineuse, ou légèrement alcoolisée. Si les bourgeons charnus sont d'un rose pâle, comme il arrive le plus souvent, on panse avec la teinture d'aloès plus ou moins concentrée, ou avec l'onguent digestif simple ou animé, suivant les cas. Si la plaie a un aspect blafard, et que le pus soit de mauvais caractère, sans pourtant qu'il y ait imminence d'une nouvelle carie, on délaye dans la teinture d'aloès ou dans l'eau-de-vie une petite quantité d'onguent égyptiac; on maintient l'appareil de pansement avec quelques tours de bande. Si l'animal ne boite pas trop et qu'il soit peu irritable, il peut être employé à un léger travail sur un terrain meuble, au labour ou à la herse, par exemple; on doit alors éviter de le faire marcher dans la boue et les endroits humides, ou du moins chercher à préserver la plaie de leur influence toujours nuisible, en ajustant par-dessus l'appareil de pansement une petite ceinture de cuir souple qui le recouvre entièrement, et se boucle du côté opposé à la partie malade. On renouvelle les pansemens tous les trois ou quatre jours, et il est rare, quand il ne survient pas d'accident, que la cicatrisation n'ait pas lieu du vingtième au trentième jour.

La guérison n'est pas toujours la suite d'une première cautérisation, soit que le cautère n'ait pas détruit toutes les portions cariées, soit qu'une nouvelle carie se soit développée. Il arrive assez souvent qu'après la chute de l'escarre, une nouvelle fistule apparaisse au fond de la plaie, ou s'ouvre sur la couronne en avant de la première, avec laquelle elle communique quelquefois par son fond (1). Dans ce cas, si on juge à propos de continuer la même méthode de traitement, on cautérise de nouveau, comme il a été dit précédemment, l'ancienne et la nouvelle fistule. Les pansemens et les soins seront les mêmes jusqu'à la guérison, si elle a lieu ; s'il n'en était pas ainsi, il serait prudent d'avoir recours à un moyen plus difficile, mais plus sûr, l'extirpation du cartilage, quoique l'on ait quelques exemples des heureux effets d'une troisième application du cautère après deux tentatives infructueuses.

Dans son *Dictionnaire de médecine et de chirurgie vétérinaires*, M. d'Arboval proscrit d'une manière à peu près absolue l'emploi du cautère

_______

(1) Afin de n'être point obligé à des répétitions, j'indiquerai d'une manière précise, en parlant du traitement par les caustiques, les caractères et l'aspect de la plaie qui décèlent l'existence d'une fistule dans son fond, ces caractères étant les mêmes dans les deux circonstances.

actuel dans le traitement du javart cartilagineux :

« Pour qu'il présente quelque chance de suc-
» cès, dit-il, il faut que la carie attaque seule-
» ment les parties postérieures du cartilage, qui
» sont moins denses et *moins organisées*. Encore
» faut-il, pour que la réussite soit assurée, que
» les parties qui forment le cartilage se séparent
» facilement les unes des autres, de manière à
» ce que l'une puisse être exfoliée sans que l'autre
» le soit. Et nous avons déjà vu que le cartilage
» une fois affecté de carie dans l'une de ses
» parties, finit par se gâter entièrement. » Il
ajoute en terminant, « qu'il est infiniment rare
» et plus que douteux que l'on puisse parvenir
» à guérir le javart cartilagineux par la cautéri-
» sation actuelle que l'on voit, on peut dire,
» abandonnée. »

Il y a beaucoup d'erreurs dans ce peu de lignes, et ces erreurs sont assez graves pour qu'il
ne soit pas hors de propos de les signaler ici. Et
d'abord, il est bien certain qu'il y a d'autant
plus de chances de succès pour la cautérisation
actuelle, que la carie existe plus postérieurement sur le cartilage. Mais M. d'Arboval s'est
doublement trompé dans la raison qu'il en
donne; car s'il était vrai, comme il le dit, que
les parties postérieures du cartilage fussent
*moins* organisées que les antérieures, ce défaut

d'organisation, loin d'être une condition de succès, serait une cause d'inefficacité du traitement par le feu; mais rien n'est moins exact, car c'est précisément vers la partie postérieure du cartilage que sa vitalité et son organisation sont plus grandes, comme le prouve évidemment la marche plus rapide de l'inflammation sur ce point de l'organe. Ensuite, il n'est pas constant que la carie une fois développée sur le cartilage, finisse toujours par le gâter entièrement. S'il en était ainsi, comment concevrait-on que des caries du cartilage se fussent guéries spontanément après une ou deux exfoliations naturelles ? et il est des exemples de ces guérisons spontanées. J'en ai consigné un dans le numéro d'octobre 1827, du *Recueil de Médecine vétérinaire*; et M. Mangin, dans un mémoire envoyé à la Société d'agriculture de Paris, a rapporté l'observation d'un javart cartilagineux qui, abandonné à lui-même, a guéri spontanément au bout d'un temps assez court : ce fait a été recueilli sur un mulet tellement méchant, qu'on ne pouvait l'aborder pour le panser. Enfin, M. d'Arboval s'est encore trompé, en avançant qu'il était *infiniment rare et presque douteux* que l'on pût parvenir à guérir le javart cartilagineux par la cautérisation actuelle, et en regardant cette méthode comme *abandonnée*.

Lafosse a dit, et MM. Girard (1) et Vatel (2) ont répété, que la cautérisation présentait beaucoup de chances de succès, quand la carie se bornait à la partie postérieure du fibro-cartilage; et très-probablement ces trois auteurs, essentiellement praticiens, n'ont pas émis sans preuves nombreuses une semblable assertion. J'ai entre les mains onze observations, dont trois extraites de la *Clinique des hôpitaux d'Alfort*, en 1827 et 1828, qui constatent l'efficacité de la cautérisation actuelle, dans des caries de la partie postérieure, observations que je pourrais rapporter, s'il ne suffisait de rappeler sommairement les huit faits consignés par M. Mangin dans un mémoire adressé à la Société royale et centrale d'agriculture.

*Première observation.* Jument de cinq ans, affectée d'un javart cartilagineux au côté externe du pied droit postérieur; plaie de deux pouces de circonférence et d'un pouce et demi de profondeur sur le milieu de l'engorgement de la couronne; écoulement de matière purulente légèrement verdâtre. — Bains émolliens pendant trois jours; cautérisation au bout de quatre jours avec un cautère chauffé plusieurs fois jusqu'au blanc; dissémination de plusieurs pointes de feu

(1) *Traité du pied*, 2ᵉ édition. Paris 1828.
(2) *Élémens de pathologie vétérinaire.*

sur l'étendue de l'engorgement; onction avec un corps gras; cataplasmes de mauve. Chute de l'escarre au bout de six jours. Pansemens pendant quinze jours après avec de la teinture d'aloès; guérison complète au bout d'un mois.

*Deuxième observation.* Jument de dix ans, boiteuse depuis deux mois; fistule d'un pouce et demi de largeur et de deux pouces de profondeur au talon interne du pied postérieur gauche; écoulement d'une matière purulente et glaireuse. — Introduction réitérée d'un cautère conique chauffé à blanc; quelques pointes de feu sur l'étendue de l'engorgement. Pansemens comme dans la précédente observation, pendant un mois; apparition d'une nouvelle fistule en avant de la première; seconde cautérisation et mêmes soins; guérison complète douze jours plus tard.

*Troisième observation.* Cheval de quinze ans, légèrement boiteux du membre postérieur gauche; fistule de dix-huit lignes de profondeur au talon interne: la couronne est engorgée. — Cautérisation; pansemens pendant quinze jours avec des étoupes imbibées d'eau-de-vie. — Formation d'un abcès en avant de la première fistule, vingt-six jours après la cautérisation. Nouvel emploi du cautère chauffé à blanc; et après la chute de l'escarre, premiers pansemens avec de l'onguent égyptiac, les autres avec de l'eau-de-vie pure.

Un mois après, le cheval est guéri, bien que pendant le traitement il ait constamment travaillé dans l'humidité.

*Quatrième observation.* Jument de six ans, fortement boiteuse du membre postérieur droit. Fistule de douze à quinze lignes de profondeur sur la partie moyenne de la région du cartilage du côté interne; pus séreux de mauvaise nature. Cautérisation de la partie malade; onction d'onguent populeum; cataplasme émollient jusqu'à la chute de l'escarre: puis après, pansemens avec teinture d'aloès. — Dix-huit jours après, nouvelle fistule en avant de la première qui n'est pas encore cicatrisée; cautérisation des deux fistules; pansemens alternés avec onguent égyptiac et eau-de-vie pendant dix-sept jours; au bout de ce temps, formation d'un petit abcès qu'on cautérise à la partie antérieure du cartilage. Guérison radicale le cinquantième jour. La jument a travaillé aux champs pendant tout le traitement.

*Cinquième observation.* Jument de huit ans, boiteuse du membre postérieur gauche; tuméfaction du fibro-cartilage interne; plaie fistuleuse sur son centre. — Enlèvement d'un bourbillon qui obstruait l'orifice extérieur de la fistule; cautérisation profonde de toutes les parties altérées; pansemens avec l'égyptiac et l'alcool aqueux alternés. Guérison au bout de trente-trois jours.

*Sixième observation*. Cheval de neuf ans, affecté d'un javart à la région moyenne du fibro-cartilage interne du membre postérieur gauche.— Cautérisation profonde de la fistule; dissémination de quelques pointes de feu sur la couronne. —Vingt-deux jours après, la fistule laisse encore écouler du pus de mauvais caractère : on la cautérise de nouveau. La guérison est parfaite peu de temps après.

*Septième observation*, recueillie par M. Georges, vétérinaire à Varennes. — Javart cartilagineux au côté interne du membre postérieur droit. —Cautérisation inhérente actuelle. Guérison radicale au bout d'un mois.

Je ne rapporte pas la huitième observation, dans laquelle le succès peut être attribué aussi bien à l'opération qui a précédé la cautérisation, qu'à la cautérisation elle-même.

Tous ces faits prouvent bien clairement l'erreur où est tombé M. d'Arboval, non-seulement en rejetant la cautérisation actuelle du nombre des moyens curatifs du javart cartilagineux, mais encore en mettant en doute qu'elle ait réussi quelquefois, et en avançant qu'elle était à peu près abandonnée. Quant à moi, je la regarde comme pouvant être essayée, lorsque la carie est en talon, que la fistule est peu profonde, que le malade est un cheval de trait ou de bât, et qu'il est destiné à travailler sur un terrain doux. Dans toute autre circonstance, les chances du succès sont loin d'être aussi certaines ; et, malgré les guérisons obtenues par M. Mangin, dans le cas de carie à la partie moyenne du cartilage, je ne pense pas qu'on doive cautériser quand elle occupe ce point de l'organe ; l'expérience ayant démontré que ce mode de traitement traînait toujours en longueur, et réussissait rarement dans cette circonstance.

## 2°. EMPLOI DES CAUSTIQUES.

Le traitement par les caustiques, de même que celui par le feu, a pour but de convertir en escarre, quoique plus lentement, les portions cariées du cartilage dont il change en même temps le mode d'inflammation. Ce genre de traitement paraît être le plus ancien de ceux opposés au javart cartilagineux. On l'emploie tantôt seul, tantôt combiné avec la cautérisation par le feu.

Il faut arriver à Solleysel pour trouver quelque chose de raisonnable sur l'emploi des caustiques, qu'il regarde comme préférables à tous les autres moyens alors connus, parce que, dit-il, « il » est le plus assuré. » Aussi, la méthode de traitement par les caustiques, celle par le sublimé, est-elle désignée par beaucoup de vétérinaires sous le nom de *Méthode de Solleysel*. Voici le procédé de cet auteur :

A l'aide d'un bouton de feu, on fait à deux ou trois doigts de la fistule, et sur le cartilage, une ouverture par laquelle on puisse introduire le doigt du milieu ou le pouce. On fait pénétrer dans cette ouverture une boulette un peu dure, composée de six gros de sublimé corrosif ( deuto-chlorure de mercure ) et de deux gros d'aloès, le tout bien mêlé avec un peu d'esprit de vin. On pousse cette boulette jusqu'au fond de l'ouverture qu'on vient de faire, et que l'on finit de remplir avec une tente bien imprégnée d'onguent basilicum dans lequel on a incorporé du mélange précédent. On introduit une autre tente imbibée comme la première, jusqu'au fond de la fistule du javart que l'on dilate avec un bouton de feu, si son diamètre n'est pas suffisant. Cela fait, on parsème de pointes de feu tout l'engorgement qui existe autour de la partie malade, en ne craignant pas que le cautère traverse la peau; ce qui, selon Solleysel, serait sans inconvénient. On recouvre le tout d'un composé de térébenthine, miel et tarc, et on place un appareil pour maintenir. On donne tous les jours deux onces de foie d'antimoine dans du son mouillé, et des lavemens laxatifs, si l'animal a beaucoup d'agitation dans le flanc. Quand les escarres sont tombées, on panse tous les deux jours avec de l'eau-de-vie. Les tentes que l'on a mises doivent avoir détruit entièrement le cartilage, sinon on doit en mettre de nouvelles pour faire *sauter* ce qui peut en rester. Si les chairs surmontent, on les brûle avec le cautère actuel, ou on les consume avec des poudres caustiques.

Dans le cas où la fistule se prolongerait en bas, au-dessous de la paroi, Solleysel conseille de pratiquer la dessolure avant de placer l'appareil ci-dessus indiqué, et il ajoute que, dans le cas où la fistule serait peu profonde, on peut se dispenser de dessoler, « quoiqu'à tous javarts encornés » on ne fera jamais de faute; au contraire, on » fera très-bien de dessoler. »

Il est bien évident que cette méthode que je viens de faire connaître, et que Solleysel a longuement développée dans son *Parfait maréchal*, avait pour but et pour effet la destruction complète, non-seulement de la carie, mais encore du cartilage lui-même : le traitement devait être très-long et n'était pas sans danger, car toutes les substances corrosives qu'il accumulait sur la couronne pour détruire le cartilage, devaient, dans le plus grand nombre des cas, porter de dangereuses atteintes au bourrelet, quand elles ne le détruisaient pas entièrement. Nonobstant ces graves inconvéniens, ce mode de traitement a été à peu près seul mis en usage jusqu'à Lafosse père, qui, 38 ans après, chercha à lui substituer l'extirpation totale du cartilage par l'instrument tranchant. Le procédé de Lafosse fut assez généralement adopté en France, où les vétérinaire savaient presque oublié le traitement par les caustiques, lorsque M. Girard rappela l'attention sur ce moyen curatif, en publiant un traité spécial sur son emploi dans le cas de carie du cartilage. Il me suffira d'exposer la manière de procéder à l'application des caustiques, telle qu'elle est en usage aujourd'hui, pour faire ressortir les importantes modifications apportées par M. Girard au procédé de Solleysel.

La fistule étant reconnue, sa profondeur et sa direction étant appréciées, on prépare le pied de la même manière que pour la cautérisation avec le feu; c'est-à-dire qu'on le pare à fond principalement sur le quartier et le talon correspondans au côté malade. On met un fer à planche si la fourchette est bonne, et après l'usage pendant quelques jours de bains et de cataplasmes émolliens, on procède à l'application du sublimé : on en forme un cône de la longueur de 5 à 6 lignes et de 3 à 4 lignes de diamètre vers sa base. Si l'ouverture par laquelle s'échappe le pus est assez large, on y enfonce le caustique ainsi préparé jusque sur le point du cartilage attaqué de la carie. Si la fistule est trop étroite, on la dilate avec un bistouri, ou mieux avec un cautère en pointe, afin de rendre l'introduction du médicament plus facile et son application sur la carie plus certaine. Le caustique est soutenu par des étoupes imbibées de vin tiède et d'eau alcoolisée, avec lesquelles on tamponne l'oùverture extérieure. Quelques plumasseaux secs ou imbibés de la même liqueur recouvrent la couronne du côté malade, et le tout est maintenu en place par une ligature que l'on ne serre qu'à un degré suffisant pour prévenir le dérangement de l'appareil. On ne doit pas oublier, ce qui est si utile à la suite de toutes les opérations qui intéressent ou avoisinent la couronne, d'enduire d'onguent de pied toute la surface extérieure du sabot. Si l'on avait lieu de craindre que l'animal ne fît tomber l'appareil, soit en se grattant avec le pied opposé, soit en se livrant à quelques grands mouvemens, on l'entourerait avec une enveloppe de grosse toile ou une bottine de cuir dont je ferai connaître la forme plus loin.

Sur quelques chevaux, et notamment sur les chevaux de trait vieux et lymphatiques, l'application du sublimé ne développe pas de symptômes inflammatoires généraux bien prononcés; il est même des animaux sur lesquels ils sont à peu près nuls. Mais chez la grande majorité des malades , il se manifeste une fièvre de réaction d'autant plus forte qu'ils sont plus irritables. La tuméfaction et la douleur locales augmentent sensiblement ; et pendant les premiers jours , il peut être avantageux de maintenir un cataplasme émollient autour du pied, jusqu'au-dessus de la couronne.

Delaguérinière (1) avance que l'on doit purger les chevaux pendant les pansemens ; nous avons vu que c'était aussi l'opinion de Solleysel, mais seulement quand le flanc était agité. Garsault (2) pense qu'il est toujours nécessaire de saigner l'animal une ou plusieurs fois avant et pendant le traitement.

A moins de circonstances particulières , les purgatifs sont tout-à-fait inutiles dans ce cas ; quant aux saignées, bien qu'en général une saignée ne puisse être nuisible le lendemain de l'application du sublimé, on ne doit y avoir recours que lorsqu'elles sont indiquées par la manifestation d'une fièvre de réaction assez vive. Alors on en pratique une, deux ou trois, suivant le besoin ; on tient le malade à la diète, et on administre quelques lavemens. Les douleurs que l'animal

_______

(1) *École de cavalerie.* Paris, 1736.
(2) *Nouveau parfait maréchal.* Paris, 1770.

éprouve les premiers jours s'apaisent d'autant plus vite qu'elles ont été moins aiguës, et que l'escarre se soulève plus tôt.

Ordinairement, s'il ne survient pas d'accident, on n'enlève l'appareil que six à sept jours après qu'il a été placé : cependant il n'y aurait pas d'inconvénient à le laisser jusqu'au dixième ou onzième jour, si l'animal ne souffrait pas trop ; car il est rare que les escarres soient détachées avant cette époque. En général, leur chute a lieu d'autant plus tôt, que le caustique a été appliqué plus près de la partie postérieure du cartilage : j'ai vu des chevaux chez lesquels toute l'escarre située à la pointe du talon est tombée au bout de dix jours ; j'en ai vu d'autres chez lesquels le caustique ayant été appliqué antérieurement, elle n'était complétement tombée qu'après un temps bien plus long.

M. Barreyre d'Agen a publié dans le tome II du *Recueil de médecine vétérinaire* une observation sur le sujet de laquelle l'escarre produite par le sublimé n'était tout-à-fait enlevée que le trente-cinquième jour. J'ai fait sur ce point quelques expériences, desquelles il résulte que l'escarre formée par le sublimé sur le cartilage sain, tombe du neuvième au dix-septième jour dans la moitié postérieure du cartilage, et du quatorzième au trente-unième dans la moitié antérieure.

Lors de la levée du premier appareil, au bout de sept à huit jours, on aperçoit sur la couronne, autour de l'ouverture extérieure de la fistule, une auréole brunâtre qui résulte de la conversion en escarre de la portion du derme qui avoisine l'orifice fistuleux. Cette auréole, qui peut avoir la largeur d'une pièce de 2 à 5 francs, commence à se détacher à sa circonférence vers le septième ou huitième jour; mais elle tient encore solidement par sa partie profonde. On ne doit pas, au premier pansement, retirer le petit tampon introduit dans la fistule; on se contente de renouveler les plumasseaux extérieurs. Je n'ai pas besoin de dire que du moment où la fièvre de réaction aura commencé à s'affaiblir, on doit remettre progressivement l'animal à sa nourriture ordinaire, surtout s'il est susceptible d'être soumis à un léger travail pendant le traitement.

Au deuxième pansement que l'on fait cinq à six jours après, on doit retirer les étoupes introduites dans la fistule; mais on ne retrouve plus rien du cône de sublimé qui s'est combiné avec les tissus environnans. Si la carie existait en talon, toute la portion d'escarre qui résulte de la cautérisation de la peau et des tissus les plus extérieurs, est ordinairement soulevée par le pus, et il est facile de l'enlever, si déjà elle ne s'est dé-

tachée d'elle-même. Quant à celle qui est appliquée sur le cartilage, elle résiste plus long-temps,
et ne tombe quelquefois qu'au quatrième ou cinquième pansement : on peut avec des pinces
chercher à l'ébranler doucement pour hâter sa
chute; mais ces manœuvres doivent être faites
avec beaucoup de délicatesse et de ménagement,
car il faut bien prendre garde de l'arracher de
force et de faire saigner, si on ne veut s'exposer à voir apparaître de nouvelles caries. Il peut
arriver que toute l'escarre tombe en même
temps; alors elle a la forme d'un cône creux, et
ressemble assez à un doigt de gant; ses parois
ont une épaisseur variable, suivant la quantité
de caustique employée.

Quand l'escarre est tombée, si la carie a été
entièrement détruite, l'intérieur de la plaie présente une surface grenue d'un aspect vermeil,
recouverte d'une légère couche de pus blanchâtre
de bonne nature, et dont la quantité diminue au
fur et à mesure que l'on approche de la cicatrisation. Les pansemens sont faits tantôt avec de
l'étoupe sèche, tantôt avec des alcooliques affai-
blis, tantôt avec des teintures résineuses, tantôt
avec de légers escarrotiques, suivant les indications que présente la plaie, et que j'ai signalées,
en parlant des suites de la cautérisation actuelle.
Quand aucune circonstance ne vient entraver la

guérison, la retarder ou l'empêcher, elle a lieu ordinairement du vingt-cinq au trente-cinquième jour. Mais il n'est pas rare (et cela arrive surtout quand la carie existe vers la partie antérieure du cartilage) que la plaie, qui, pendant quelques jours après la chute de l'escarre, avait une belle couleur et se fermait rapidement, présente tout à coup un aspect plus terne, plus blafard, ou devienne d'un rouge vif. En l'examinant alors avec attention, on reconnaît qu'un des bourgeons est plus tuméfié, plus mollasse que les autres ; ce bourgeon est l'aboutissant d'une fistule entretenue par une nouvelle carie ; une suppuration peu louable, et l'augmentation de la boiterie si elle s'était momentanément amendée, sont un indice presque certain de cet état de choses. Cependant j'ai vu des animaux ne pas boiter sensiblement plus qu'avant.

D'autres fois on reconnaît la persistance de la carie immédiatement après la chute de l'escarre. Quoi qu'il en soit, il n'y a pas à hésiter ; il faut s'assurer de la profondeur et de la direction de la nouvelle fistule, et décider s'il y a lieu d'essayer une seconde fois l'emploi des caustiques, ou s'il ne serait pas préférable de pratiquer l'opération du javart cartilagineux. Dans le cas où on se déciderait pour les caustiques, on dilate la nouvelle fistule comme on l'a fait pour la première; on introduit un morceau de sublimé aussi avant qu'on peut le faire pénétrer, et on se conduit après cette seconde opération comme après celle qui l'a précédée.

Si le service de l'animal n'exige pas qu'il soit employé sur un sol dur ou à une allure précipitée, et si la boiterie est légère, comme il arrive le plus souvent sur les gros chevaux, lorsque la carie n'intéresse que la partie postérieure du cartilage, le travail ne doit être interrompu que jusqu'à la levée du premier appareil, c'est-à-dire, pendant huit ou dix jours après l'opération. L'exercice que prend le malade, loin de lui être nuisible, lui est au contraire avantageux, surtout quand il est pris sur un terrain meuble, et à un travail léger. ( le labour, le hersage, par exemple ). Cette possibilité de faire travailler les chevaux soumis au traitement par le cautère actuel ou les caustiques, n'existe pas pour les chevaux de selle ou d'attelage, ni pour ceux des grandes villes. Il faut nécessairement que ces animaux restent à l'écurie jusqu'à leur parfaite guérison, qui se fait attendre quelquefois deux ou trois mois et même plus, quand on est obligé de cautériser à plusieurs reprises, comme il n'arrive que trop souvent ; et encore est-on souvent obligé d'en venir à l'opération, qui offre alors plus de difficultés et beaucoup moins de chances de succès, comme nous le verrons plus loin.

J'ai dit que le sublimé corrosif était de tous les caustiques celui qui semblait mériter la préférence; du moins est-ce celui dont on fait le plus fréquemment usage en France. Cependant il n'est pas le seul employé; et quand on s'en sert on ne l'applique pas toujours sous forme solide. Les Anglais, qui sont partisans exclusifs de l'emploi des caustiques, se servent indifféremment du sublimé, de l'arsenic blanc (oxide blanc d'arsenic), du vitriol blanc (sulfate de zinc), du verdet cristallisé (acétate de cuivre), de la pierre infernale (nitrate d'argent fondu), etc. Delabère-Blaine (1) préfère le sublimé employé sous forme de pâte avec de la fleur de farine et du beurre, qu'il introduit à l'aide d'une sonde garnie d'une petite éponge, avec laquelle il le fait pénétrer dans les sinus où il suppose qu'existe la carie; il continue cette application tous les deux ou trois jours, jusqu'à la formation d'une escarre.

J. White s'exprime ainsi dans son *Abrégé de l'Art vétérinaire*, où le sublimé et l'arsenic sont aussi recommandés comme remèdes pour le javart : « Il est probable que toute application

_____

(1) *Notions fondamentales de l'art vétérinaire.* Paris, 1803.

» caustique produirait la guérison ; mais j'ai si
» bien réussi avec le vert-de-gris cristallisé, que
» je n'ai pas eu de raison d'essayer d'autres
» médicamens. » Ce vétérinaire, avant d'introduire dans la fistule le caustique dont il fait
usage, l'enveloppe dans du papier brouillard
très-mince, ou dans du papier de soie.

William-Riding (1) après avoir cherché comme
tous ses compatriotes à démontrer les inconvéniens de l'extirpation du cartilage, conseille la
dissolution du sublimé, du vitriol blanc, du
vert-de-gris.

Il paraît que quelques vétérinaires français
auraient obtenu des succès de l'emploi du sublimé corrosif en dissolution ; pour moi, je
pense que sous cette forme il serait à préférer,
lorsque les fistules n'aboutissent au dehors que
par des trajets tortueux qui empêchent la sonde
de pousser le caustique solide jusqu'à leur fond.
Cependant je n'oserais rien affirmer sous ce
rapport, n'ayant aucun fait pour motiver mon
opinion dans cette circonstance, et ne me dissi-
mulant pas combien il est dangereux de faire
pénétrer au voisinage de parties délicates, des
médicamens d'une aussi grande activité. Les

(1) *Pathologie vétérinaire*, ou *vade-mecum* du cavalier.
1804.

effets primitifs et secondaires des caustiques, par rapport aux tissus sur lesquels ils sont appliqués, ne différant que du plus au moins avec ceux du cautère actuel, il en résulte que ce que j'ai dit de l'action thérapeutique de celui-ci, peut s'appliquer à ceux-là; c'est-à-dire qu'ils offrent beaucoup plus de chances de succès quand ils sont opposés à une carie superficielle, bornée à la partie postérieure des cartilages, que dans le cas contraire. Je pourrais rapporter ici un assez grand nombre d'exemples de leur efficacité dans le premier cas, et de leur peu de réussite dans le second, si je ne craignais de trop m'appesantir sur la preuve d'un fait aujourd'hui hors de doute pour le plus grand nombre des praticiens.

Je sais bien que M. d'Arboval se refuse à croire que l'usage des caustiques puisse être préconisé dans l'état actuel de nos connaissances. Sur son mode d'emploi, il assure que dans aucun de ses essais, au nombre de huit, il n'a pu parvenir à d'heureux résultats avec le sublimé; et sans rechercher si quelque circonstance particulière n'en a pas contrarié l'effet, il donne à entendre que la méthode de M. Girard (1) est moins avantageuse encore que celle par le cautère

(1) En parlant de la méthode par les caustiques, M. d'Arboval dit que M. Girard n'a fait que ressusciter l'ancienne mé-

actuel. Or, nous avons vu quelle était son opinion sur la valeur de la cautérisation par le feu. Les causes de la non-réussite de M. d'Arboval ne dépendraient-elles pas du point où existait la carie sur le cartilage? c'est ce qui est probable, et ce que cependant il nous est impossible d'assurer, puisque cet auteur ne précise que dans une seule de ses observations le siége de la maladie qui affectait la région moyenne du cartilage. S'il en était de même dans les autres, rien n'est moins étonnant que les mauvais résultats qu'il a obtenus; ils se trouveraient conformes à ce que j'ai dit avoir été observé par la plupart des vétérinaires, et plusieurs fois par moi-même. Ce n'est donc que pour les opposer à l'opinion de M. d'Arboval, que je vais citer

thode, et qu'il n'y a apporté que peu de modifications. Avant de s'avancer ainsi, cet auteur eût dû se pénétrer des différences essentielles qui séparent ce que je ne craindrais pas d'appeler les deux méthodes d'application du même moyen. En effet, Solleysel employait le sublimé mélangé avec l'aloès; M. Girard l'emploie seul et solide. Solleysel détruisait tout le cartilage, et même souvent le bourrelet. Par la méthode de M. Girard, on n'attaque que la portion cariée, et on ménage toutes les portions saines. Solleysel traversait toute l'épaisseur de la peau et du cartilage avec des pointes de feu; dans le procédé de M. Girard il n'en est nullement question. Je demande si ce ne sont pas là des modifications assez grandes et assez avantageuses, pour mériter d'être signalées à l'attention des vétérinaires?

brièvement quelques-uns des faits qui ne permettent pas de révoquer en doute l'efficacité du sublimé dans certaines circonstances.

I<sup>re</sup> Observation (*rapportée par M. Ch. Prevost, dans le numéro de septembre 1827 du Journal pratique de Médecine vétérinaire*).

Une jument boite tout bas d'un javart cartilagineux. On amincit la portion de corne qui avoisine le mal : cataplasme émollient. Le lendemain, on introduit jusqu'au fond de la fistule un morceau de sublimé de la longueur de six lignes et de la grosseur de trois. On fixe par-dessus un appareil. Pansement au bout de six jours : pas de trace de suppuration, aucune apparence d'escarre. Introduction d'un nouveau morceau de sublimé moitié plus petit que le premier ; appareil comme la première fois. Pansement le cinquième jour : une escarre de la grandeur d'une pièce d'un franc commence à se détacher ; lotions avec de l'eau-de-vie affaiblie, pansement. Quatre jours après, l'escarre ne tient presque plus, on l'enlève avec des pinces ; pansement avec de la teinture d'aloès. Depuis lors les pansemens sont renouvelés tous les deux jours. Trois semaines après l'introduction du caustique, l'animal ne boite presque plus au pas ;

quatorze jours plus tard (cinq semaines après l'introduction), il est remis à son travail accoutumé qui est celui du carrosse.

## II<sup>e</sup> Observation (*idem*).

Une vieille jument est affectée au pied antérieur gauche d'une carie cartilagineuse, suite d'une atteinte récente. Même traitement que sur le sujet de la première observation. Dix jours après, on enlève le premier appareil : l'escarre tombe; on lave la plaie avec du vin tiède; on panse avec des plumasseaux chargés de teinture d'aloès, et la malade est remise en route, malgré les avis du vétérinaire. M. Prevost a su depuis qu'elle était arrivée à sa destination sans avoir présenté le plus léger signe de boiterie.

## III<sup>e</sup> Observation (*idem*).

Un cheval de cinq ans, affecté d'un javart cartilagineux, est pour cette raison vendu un très-bas prix. M. Prevost le traite comme les précédens, et au bout de trente-six jours la guérison est radicale.

Il est à regretter que dans les trois observations qui précèdent, M. Prevost n'ait pas indiqué à quel point du cartilage se trouvait la carie.

Autant qu'il est possible d'en juger par la promptitude de la chute des escarres , le javart existait à la partie postérieure , puisque dans un cas l'escarre est tombée le onzième, et dans l'autre le dixième jour. Or, nous avons vu qu'il était extrêmement rare que l'escarre se détachât du cartilage avant le quatorzième jour , quand le caustique a été appliqué vers la partie antérieure de cet organe.

IV<sup>e</sup> Observation (*communiquée par M. Rossignol, médecin vétérinaire à Paris*).

Un cheval de trait, âgé de six ans , boite depuis huit jours du membre postérieur gauche. Il existe vers le tiers postérieur du talon interne une fistule qui se prolonge jusqu'au cartilage, dont on reconnaît la carie. Introduction du sublimé , pansement avec des plumasseaux imbibés de teinture d'aloès. Huit jours après , l'escarre tombe, la plaie est très-belle ; même pansement. Dix-huit jours après l'emploi du caustique, l'animal commençait à travailler.

V<sup>e</sup> Observation (*idem*).

Un cheval de carrosse, âgé de huit ans, s'est blessé en tombant sur la couronne interne du pied gauche postérieur. Vingt-cinq jours après il boite beaucoup; on le fait voir à M. Rossignol. Les cataplasmes et les bains émolliens font disparaître en grande partie la claudication; mais une fistule existe à la partie supérieure de la couronne; le cartilage est carié vers son bord supérieur. Emploi du cautère actuel, pansement avec teinture d'aloès. Six jours après on fait tomber l'escarre : la suppuration est abondante et grisâtre; la carie n'est pas complétement détruite. On introduit un petit cône de sublimé au fond de l'ouverture : douze jours après, l'animal travaille et est bientôt en parfaite guérison.

VIe Observation (*recueillie aux hôpitaux de l'école à la clinique de M. Vatel, en janvier 1826*).

Un cheval de trait, âgé de dix ans, boitant tout bas du membre postérieur droit, est conduit aux hopitaux de l'école. Une fistule existe sur la couronne interne, et a son fond à la partie postérieure et supérieure du cartilage, dont on reconnaît la carie. Pendant sept jours on essaie sans succès les bains et cataplasmes émolliens; la fistule persiste, et le pus qui s'en échappe a un mauvais caractère. On cesse les bains et cataplasmes, et on panse pendant six jours avec des

plumasseaux secs qu'on renouvelle fréquemment : la carie persiste. Introduction d'un cône
de sublimé qu'on recouvre de plumasseaux secs ;
huit jours après, chute de l'escarre ; la plaie est
vermeille, l'animal ne boite presque plus : on
le panse encore une fois, et lorsqu'il est emmené
par son propriétaire, le dix-septième jour, la
fistule est à peu près cicatrisée et la boiterie à
peine sensible.

### VII<sup>e</sup> Observation (*recueillie à la clinique de l'École en février 1827*).

Un cheval de diligence, âgé de onze ans, appartenant à M. Lefebvre de Choisy-le-Roi, boite
depuis huit jours d'une atteinte ; il est amené à
l'école où l'on découvre à la partie postérieure
du talon interne du membre antérieur droit,
une fistule qui s'étend jusqu'au cartilage dont on
constate la carie. On met en usage le sublimé ;
l'escarre est tombée le onzième jour, et le vingt-
quatrième l'animal est rendu guéri à son propriétaire.

### VIII<sup>e</sup> Observation (*communiquée par M. Vatel*).

Un cheval de l'entreprise des berlines de
Charenton, est affecté d'un javart cartilagineux

au talon externe du membre antérieur gauche. Les bains et cataplasmes émolliens sont employés sans succès pendant une douzaine de jours; on a recours au sublimé corrosif. Le trente-deuxième jour, l'animal est remis à son service.

Je reviendrai sur les sujets de ces deux dernières observations, qui m'ont fourni l'occasion de constater la possibilité du renouvellement de la carie sur les cartilages où elle avait déjà existé long-temps avant, et où elle avait été radicalement guérie par le sublimé.

Enfin, je pourrais ajouter ici quelques autres observations qui me sont personnelles, mais qui, ne différant en rien des précédentes, ne seraient que des preuves de plus à l'appui de cette vérité : qu'on est fondé à espérer quelque succès de l'emploi du sublimé, lorsque la carie récente n'intéresse que la partie postérieure ou le bord supérieur du cartilage. J'ai inséré deux de ces observations dans le n°..... d'octobre 1827, du *Recueil de médecine vétérinaire.*

Quoi qu'il en soit des faits qui précèdent, toutes les fois qu'une carie peu profonde, récente et située au talon, paraît susceptible de guérir sans opération, je préfère me servir du cautère actuel que du cautère potentiel : 1° parce qu'il est plus facile de proportionner la cautérisation à l'étendue et à la profondeur du mal ;

2° parce que les désorganisations qu'il produit sont moins profondes, et peuvent être nulles sur les parties environnantes non malades; 3° parce que l'animal paraît en souffrir beaucoup moins. Je suis heureux de dire que cette opinion est aussi celle de plusieurs vétérinaires distingués, et entr'autres de M. Bouley jeune.

J'examinerai plus loin les avantages et les inconvéniens que présente l'emploi du feu ou des caustiques, en les jugeant comparativement avec l'opération; arrivons à celui des traitemens que je crois le plus efficace, et qui est certainement le plus sûr dans tous les cas et le plus généralement usité en France; je veux parler de l'opération dite *du javart cartilagineux*.

### 3° OPÉRATION DU JAVART CARTILAGINEUX.

L'opération du javart cartilagineux consiste à enlever la totalité du fibro-cartilage, lorsqu'il est affecté de la carie. Cette opération grave et très-délicate a été mise en usage, pour la première fois par Lafosse père, qui a donné sur son exécution quelques préceptes fort sages, dans une brochure qu'il publia en 1754, sous le titre de *Traité des accidens qui arrivent dans le sabot du cheval.* Dans cet opuscule, Lafosse père regarde l'extirpation complète comme le

seul moyen à employer pour combattre la carie.
« Il faut (dit-il), lorsqu'on veut la pratiquer, ne
pas se servir de caustiques, soit avant, soit
après l'opération. » Il recommande expressément
de ne rien laisser du cartilage lorsqu'on opère :
s'il en restait un peu, il se gâterait sûrement, et
alors il faudrait refaire l'opération, qui réitérée
serait dangereuse. Il signale ensuite les dangers
auxquels on expose le cheval, en blessant le ligament qui attache l'os du pied avec l'os de la couronne (ligament latéral antérieur); « car le mal
serait alors sans remède. » Il prescrit de ménager
la capsule synoviale et la partie inférieure de
l'os coronaire. Il parle aussi de l'ossification du
cartilage, et conseille, lorsqu'il y a carie avec ossification incomplète, de ne pas essayer d'enlever le quartier, mais de se contenter de pratiquer une simple ouverture à l'endroit correspondant à la carie, pour atteindre l'exfoliation
de l'os ou du cartilage, si l'os en est encore
bordé. Enfin, il assure avoir observé que, quelque bien faite qu'ait été l'opération aux pieds de
devant, l'animal reste souvent boiteux, ce qui
n'arrive pas aux pieds de derrière. Cette remarque de Lafosse père est exacte; et quoique
je possède quelques faits de guérison radicale
obtenue par l'opération sur des pieds antérieurs,
il n'en est pas moins vrai que les chances de suc-

cès complet y sont moins grandes que sur les pieds postérieurs (1).

Lafosse fils, dans son *Traité d'Hippiatrique,* publié en 1772, n'a fait que répéter avec plus de précision et de détails les idées de son père sur le javart et son traitement. Il regarde aussi comme ne devant jamais être suivie de succès, l'extirpation partielle du cartilage, non plus que les caustiques et le feu, qui, dit-il, rendent le javart incurable. Cette assertion serait vraie dans le plus grand nombre des cas, s'il eût dit, *plus difficilement curable;* mais elle ne le serait pourtant pas toujours, comme on peut s'en convaincre en lisant ce que j'ai dit des cautérisations actuelle et potentielle. Cet hippiatre, qui n'a presque rien prescrit sur l'application si importante de l'appareil de pansement, a observé avec raison qu'il ne fallait pas prendre un point d'appui avec la ligature, sur la partie supérieure du talon opposé au côté malade, dans la crainte de

(1) Cette différence entre les résultats de l'opération, suivant qu'elle est pratiquée aux membres de devant ou de derrière, est si vraie, qu'elle m'a été signalée par plusieurs anciens vétérinaires qui ignoraient que Lafosse en eût parlé. Quelle peut en être la cause, puisque c'est le même organe qu'on enlève sur chacun des membres? Ne serait-ce pas parce que les pieds antérieurs, ayant un plus grand besoin d'élasticité, souffrent davantage de la privation d'un organe aussi essentiel à l'exercice de cette propriété, que l'est le cartilage?

donner naissance à un nouveau javart sur l'endroit comprimé.

Il est donc bien évident que c'est à Lafosse père qu'on doit rapporter les premiers essais et les premiers écrits sur l'opération du javart cartilagineux (1).

Depuis Lafosse fils (1772) jusqu'à M. Girard (1813), on n'a rien publié qui mérite quelque attention sur l'extirpation du cartilage. Vitet n'a fait que répéter avec moins de détails ce qu'en

(1) J'ai pourtant entendu un professeur très-érudit prétendre, que Solleysel en avait eu la première idée, et qu'à lui devait en appartenir tout le mérite, parce que dans son *Parfait maréchal* cet auteur avait dit que la guérison du javart, dépendant de la sortie de la portion altérée du cartilage, « il » fallait *jouer du rasoir* ou du couteau de feu. » Mais il suffit de jeter les yeux quelques lignes plus loin, pour se convaincre de ce que Solleysel entendait par ces mots, *jouer du rasoir*. Il dit en effet à la page suivante, et il répète dans plusieurs autres endroits, que la carie s'étend de proche en proche, et finirait par envahir tout le *tendon* (cartilage), si on ne l'arrêtait, en coupant ou extirpant cet organe; « car l'humeur » qui a commencé à le noircir et le corrompre, ne se peut arrêter ; le seul remède est de couper ou de faire sauter *ce* » *qu'il y a de tendon corrompu*, afin d'empêcher l'humeur de » gâter *ce qui en reste de bon et entier*. » Je le demande, est-ce là ce que nous appelons l'opération du javart cartilagineux? n'est-ce pas au contraire cette méthode d'extirpation partielle, contre laquelle se sont élevés Lafosse père et fils, et dont nous avons nous-même reconnu tous les inconvéniens?

avait dit Lafosse ; et c'est l'article de Vitet qui a été textuellement rapporté au mot *Javart* de l'Encyclopédie.

M. Huzard fils n'en parle que d'une manière extrêmement concise et fort incomplète, dans son *Esquisse de nosographie vétérinaire* qui parut en 1818. Quatre ans plus tard, il reproduisit, dans le *Nouveau cours complet d'agriculture*, ce qu'il en avait dit dans son ouvrage ; il y ajouta seulement la description d'un nouveau procédé opératoire que nous ferons connaître plus loin ; et cependant déjà, dans une première édition du *Traité du pied*, publiée en 1813, M. Girard avait ajouté quelques perfectionnemens au procédé opératoire conseillé par Lafosse, et posé les premières règles qui devaient guider dans le pansement. Dans cet ouvrage, l'opération du javart, bien que décrite avec plus de méthode et de précision qu'on ne l'avait fait jusqu'a-lors, était loin encore d'avoir été exposée par l'auteur d'une manière aussi étendue qu'elle vient de l'être dans la deuxième édition de ce Traité, publiée en 1828. Je dois dire pourtant qu'une grande partie des développemens qu'on remarque dans le dernier ouvrage de M. Girard, se trouve à l'article *Javart* du dictionnaire qui a paru en 1827, sous le nom de M. Hurtrel d'Arboval. Grand partisan de l'opération qu'il recommande à l'exclusion de tout autre mode de traitement, M. d'Arboval a consacré plusieurs pages de son ouvrage à la description du procédé opératoire et de la méthode de pansement. On y remarque beaucoup d'aperçus judicieux et vrais, de préceptes fort sages et méconnus ou non publiés jusqu'à lui; mais, au milieu de ces vérités d'observation, il émet sur des points fondamentaux, des opinions que je suis loin de partager, et que je discuterai dans le cours de ce traité, au fur et à mesure que l'occasion s'en présentera.

L'extirpation du fibro-cartilage de l'os du pied est une des opérations les plus importantes de la chirurgie vétérinaire: 1° parce qu'elle est souvent indiquée; 2° parce que son exécution exige beaucoup d'attention et de dextérité; 3° parce qu'elle peut avoir les suites les plus graves lorsqu'elle est mal pratiquée, ou que les pansemens qui la suivent ne sont pas faits avec méthode et discernement. Ne craignons donc pas d'entrer dans trop de détails sur tout ce qui la concerne: on ne dit jamais rien de trop, toutes les fois qu'on ne dit rien que d'utile.

Avant cette opération, comme avant toutes celles un peu graves que l'on pratique sur le pied du cheval, il est quelques préparations générales et locales qu'il importe de ne pas négliger, pour en faciliter l'exécution et en assurer le succès. Si l'animal paraît souffrir beaucoup , et s'il est d'un tempérament sanguin , il sera soumis à quelques jours de diète blanche avant d'être opéré; quelquefois même il pourra être avantageux de lui faire une bonne saignée. Ces précautions sont à peu près inutiles pour les gros chevaux qui boitent à peine, et dont le tempérament est éminemment lymphatique ; ils devront seulement être à jeun le jour de l'opération.

Mais chez tous les chevaux, le pied malade devra être préparé : on coupera les poils tout autour de la couronne et du paturon; on assouplira la corne par des bains et des cataplasmes émolliens, dont l'usage sera d'autant plus prolongé, que la corne sera plus sèche et plus dure. Le pied sera paré à fond, notamment du côté malade, où on ira jusqu'à la rosée. Dès la veille, on forgera ou fera forger le fer dit à *javart*, que l'on fixera sous le pied.

C'est un fer léger, destiné seulement à faciliter le maintien de l'appareil, et qui devra être remplacé aussitôt que l'animal pourra commencer à travailler. Celle des branches qui correspond au côté malade, est tronquée dans une étendue égale à celle de la portion de muraille qui sera arrachée ; la branche du côté opposé se prolonge assez en arrière du talon pour fournir un point d'appui à la ligature de l'appareil, qui passera entre la face inférieure de ce talon et l'éponge du fer. Celui-ci a tout au plus le tiers de l'épaisseur d'un fer ordinaire, et est aussi beaucoup moins couvert; il n'est percé que de quatre étampures, et devra garnir tout autour du sabot. Si l'opérateur n'est pas à même d'en confectionner ou faire confectionner un semblable (1), il se contente de retrancher la longueur qu'il juge suffisante, de la branche du fer ordinaire que porte alors l'animal qu'il va opérer; ou bien, si celui-ci n'a pas de fer, il fera ses dispositions pour s'en passer. A cet effet, il n'abattra que très-peu ou pas du tout la paroi du talon opposé au côté malade; et, avec le boutoir, la rénette ou une bonne feuille de sauge, il pratiquera sur l'angle inférieur et externe de cette paroi, auprès des arcs-boutans, une entaille à arète vive, de six à huit lignes de longueur, sur un peu moins de profondeur. Cette entaille servira à donner passage aux tours de bande, et les empêchera de glisser en avant ou en arrière, ce qui pourrait arriver si on ne prenait cette précaution bien simple, et qui m'a

______

(1) Comme cela arrive dans certaines fermes éloignées quelquefois de plus d'une lieue de l'habitation d'un maréchal qui lui-même, au moment où on a besoin de ses services, est occupé loin de sa demeure à la culture de ses terres.

été suggérée par la nécessité où je me suis trouvé de fixer un appareil sur un pied que j'avais opéré d'un javart, et sur lequel la ligature n'étant pas soutenue par un fer, coulait en avant chaque fois que j'essayais de la serrer convenablement (1).

Le fer à javart dont je viens de parler a été modifié par Desplas. Ce vétérinaire avait remarqué que, sur certains chevaux où la conformation du pied était telle qu'on était obligé, après l'opération du javart, de faire porter la ligature sur la partie molle du talon non malade, il y survenait des excoriations profondes dont la carie du cartilage sous-jacent était quelquefois la suite. Il imagina, pour soustraire le talon à la pression des tours de bande, de ménager à l'extrémité de la branche non tronquée un prolongement qui se relevait à angle obtus, avait un pouce et demi de hauteur à peu près, et se terminant supérieurement par un crochet arrondi, tourné en arrière. La ligature, en passant sur ce prolongement, y prend un point d'appui,

(1) M. Gérard, ex-vétérinaire en chef de l'artillerie à cheval de la Garde, assure qu'il n'a jamais mis aucun fer aux chevaux qu'il a opérés du javart, et ajoute que le fer à javart est beaucoup plus nuisible qu'utile (*Recueil de médecine vétérinaire,* n° de mai 1825). Jusqu'à ce qu'on ait fait connaître les inconvéniens de l'emploi de ce fer, je croirai qu'il est beaucoup plus utile que nuisible, si tant est qu'il soit nuisible.

et ne peut conséquemment blesser les talons. Ce fer, tout ingénieux qu'il est, présente pourtant une grave imperfection : le crochet qui termine l'extrémité supérieure de l'appendice, empêche bien les tours de bande de s'échapper de ce côté; mais comme ce prolongement doit être très-oblique de haut en bas et d'arrière en avant, il arrive que, pour peu qu'on veuille serrer la ligature, elle glisse dans le sens de l'obliquité de son point d'appui, et comme rien ne l'arrête, elle coule en-dessous du fer, et l'appareil ne peut être maintenu. Ayant, dans divers essais, reconnu cet inconvénient à l'emploi d'un fer qui pourtant présentait des avantages, j'ai réussi à le prévenir par une modification bien simple : elle consiste à ménager en arrière du prolongement à crochet (dont la hauteur peut n'être que d'un pouce dans les pieds à talons ordinaires ), un autre prolongement horizontal qui continue de quelques lignes seulement l'éponge du fer, dont il n'est, à proprement parler, que la continuité. Ce second appendice, en empêchant la ligature de s'échapper de ce côté, permet de la serrer au degré que l'on juge convenable (1). Il ne faut pas que le

(1) J'ai pu constater l'utilité de ce fer ainsi préparé, sur des chevaux que j'ai opérés en 1828 aux infirmeries de l'École, et sur lesquels il y avait indication de soustraire la partie molle des talons non malades à la pression de la ligature.

prolongement à crochet porte sur le talon, dont il doit être distant d'au moins deux ou trois lignes. Son épaisseur devra être suffisante pour l'empêcher de plier ou de se casser sous la pression de la ligature ; sa direction sera parallèle à celle des fibres de la muraille (1).

Quel que soit le fer qu'on mette en usage, il est toujours bon, quand on le peut, de l'appliquer sous le pied la veille de l'opération ; de cette manière, si on a été obligé de déferrer l'animal pour la pratiquer, on rattache le fer lorsqu'elle est terminée, en brochant dans les vieux trous, et on évite au pied des percussions et des ébran-

L'un d'eux était affecté, du côté externe du pied antérieur gauche, d'une carie profonde qui nécessitait l'opération ; et sur la pointe du talon interne du même pied, existait une plaie contuse de mauvais aspect, sur laquelle la moindre compression aurait inévitablement déterminé un javart cartilagineux.

(1) Rien n'est plus facile que la confection de ce fer : il suffit de laisser à l'éponge du côté non malade une longueur plus grande que celle du fer ordinaire à javart ; avec une tranche, on divise cette éponge, suivant sa largeur, en deux parties inégales, dont une, externe, devra avoir les deux tiers de la largeur de l'éponge , et sera relevée pour former le prolongement à crochet ; l'interne, dont la largeur sera par conséquent d'un tiers de celle de l'éponge , conservera sa direction, et sera seulement rognée de manière à n'avoir que cinq à six lignes de longueur tout au plus. (*Voyez la planche,* *figure* 3.)

lemens toujours très-douloureux. On entoure de nouveau le sabot et la couronne d'un cataplasme émollient que l'on n'enlève qu'au moment d'opérer.

Les instrumens nécessaires sont : deux renettes de largeur différente, une feuille de sauge double, au moins deux feuilles de sauge simple, une à droite et l'autre à gauche, une érigne ordinaire, une érigne plate, une paire de pinces ordinaires, une à dents de souris, des ciseaux courbes sur plat, une sonde à spatule, une sonde en plomb ou en gomme élastique, et les instrumens de ferrure. Il est avantageux d'avoir quatre feuilles de sauge simples, deux grosses à tranchant moins vif, destinées à agir sur la corne ou sur l'os s'il y a nécessité, et deux de grandeur ordinaire à lame plus étroite et plus acérée, qui ne seront employées qu'à l'excision du cartilage ou des parties molles altérées (1).

Pour l'appareil de pansement, on aura préparé des plumasseaux de diverses longueur et épaisseur, quelques boulettes d'étoupe, un ou deux bour-

______

(1) La feuille de sauge double étant destinée seulement à séparer la peau du cartilage, ne doit être courbée qu'autant qu'il le faut pour que sa concavité s'adapte exactement sur la convexité de la partie moyenne du cartilage. Sous ce rapport, beaucoup de celles qu'on fabrique ordinairement ont un peu trop de courbure. Il est bon aussi, pour faire un plus facile

donnets bien souples, une ligature de ruban de fil d'au moins trois grandes brasses de longueur pour maintenir l'étoupade, une enveloppe de forte toile et une grosse ficelle pour la fixer. Si on se propose de mouiller les plumasseaux qui forment les premières couches de l'appareil, on se pourvoiera d'eau alcoolisée, ou d'une teinture résineuse affaiblie, dont on imbibe d'avance les plumasseaux que l'on range sur un plateau dans l'ordre suivant lequel ils seront appliqués. Enfin, on devra avoir auprès de soi une éponge et un seau d'eau tiède.

Tout étant ainsi disposé, on conduit sur un bon lit de paille l'animal qui doit être à jeun ; on lui attache les entravons, et on a soin que celui qui embrasse le paturon du pied malade ne porte pas immédiatement sur la peau, ce que l'on empêche en entourant cette région d'étoupes ou de foin, et en laissant au pied son enveloppe. Il est inutile de dire que l'animal doit être abattu de manière à ce que le côté malade soit en dessus. Lorsqu'il est couché, si la carie affecte un mem-

usage des pinces à dents de souris, que leurs dents soient plus courtes ; car, pour peu qu'elles aient trop de longueur, il est extrêmement difficile, à cause du peu d'espace qu'il y a entre la peau et les parties sous-jacentes, de les ouvrir assez pour saisir les parcelles cartilagineuses qui se trouvent dans le haut ou vers la partie antérieure de la plaie.

bre antérieur, on désentrave celui-ci, et on le fixe solidement avec une plate-longe au-dessus du jarret qui est en dehors ; si elle affecte un membre postérieur, on le fixe au-dessous du genou qui se trouve également en dehors. Il faut toujours que le lien qui attache le membre malade, le fixe par la partie moyenne du canon, de telle sorte que la partie inférieure en soit libre, depuis le boulet jusqu'au sabot.

Alors, si on n'a pas fait prendre un bain à l'animal avant de l'abattre, on débarrasse le pied et la couronne de tous les débris du cataplasme qui le recouvrent, on les lave à grande eau, et on procède à l'opération, après avoir placé autour du paturon une ligature fortement serrée, espèce de garrot destiné à intercepter momentanément l'abord du sang dont l'écoulement pourrait gêner l'opérateur.

Pour découvrir le cartilage tout entier, il est indispensable d'enlever la portion de muraille qui en recouvre la base : c'est le premier temps de l'opération. Solleysel ne voulait pas qu'on enlevât le *quartier* (1) depuis le haut jusqu'au bas, dans la crainte de permettre le resserrement de

(1) Expression consacrée en médecine vétérinaire pour désigner la portion de la paroi du sabot, qui recouvre les parties latérales et postérieures du pied.

la portion restante de la paroi, qu'il comparait dans ce cas à une arcade dont on aurait ôté une pierre. Il conseille de n'extirper qu'une bande de corne de trois ou quatre doigts de hauteur à partir du biseau, et s'étendant depuis le bord antérieur du cartilage jusqu'en talon. Il se servait, pour circonscrire et séparer ce lambeau, d'un *couteau de feu tranchant* (1). Lafosse a adopté les idées de Solleysel, en prescrivant de n'enlever que la largeur d'un pouce du bord supérieur de la muraille, afin, dit-il, de ne pas interrompre la continuité de l'arc qu'elle représente dans son ensemble. C'est avec le boutoir, suivant lui, qu'il faut couper la corne qui recouvre le cartilage. Sans doute, les motifs de ces deux hippiatres étaient justes, et leur procédé tout-à-fait rationnel quant à l'accident qu'ils voulaient éviter; cependant on ne suit pas aujourd'hui les préceptes qu'ils ont établis, parce qu'on a remarqué que la portion inférieure de la paroi qu'on n'enlevait pas pour conserver la continuité de l'arc, augmentait tellement la difficulté de l'opération, qu'elle exposait à des dangers plus grands que ceux que l'on cherchait à prévenir. L'expérience, d'ailleurs, n'a pas démontré que les suites de cette extirpation complète du quartier fussent

(1) Cautère cutellaire, chauffé à blanc, et tranchant.

aussi graves qu'on l'avait supposé. C'est pourquoi on ne craint pas d'extraire toute la portion de corne qui recouvre la base du cartilage, depuis le haut jusqu'au bas.

On circonscrit d'abord la partie du sabot qu'on se propose d'enlever, en traçant avec la rénette un sillon qui part du point du biseau correspondant au bord antérieur du cartilage, arrive au bord plantaire de la paroi, et de là se continue jusqu'au talon en suivant la ligne de démarcation qui sépare la sole de la muraille. Quand l'engorgement de la couronne n'est pas très-considérable, il est facile de reconnaître par le toucher l'endroit où se termine le cartilage en avant, pour y commencer le sillon dont je viens de parler. Dans le cas où la tuméfaction de la peau et des tissus sous-jacens rendrait cette reconnaissance impossible, on pourra parvenir très - approximativement au même résultat par le moyen suivant : on étend une ficelle sur toute la circonférence du pied au niveau du biseau, depuis la pointe d'un talon jusqu'à la pointe de l'autre ; le tiers de la longueur de cette mesure donnera, à très-peu de différence près, la longueur du cartilage. Il est bon de ne pas oublier qu'il y a moins d'inconvénient à commencer un peu en avant, qu'en arrière du bord antérieur de cet organe.

Le point de départ une fois déterminé, l'opérateur armé de la plus grosse des rénettes qu'il tient à pleine main, le pouce appuyé sur l'extrémité du manche, commence au biseau un sillon qu'il continue obliquement d'avant en arrière jusqu'au bord plantaire de la paroi. La direction de ce sillon doit être telle, que le bord inférieur de la portion d'ongle qui va être arrachée, soit de moitié moins long que le bord supérieur (1).

Tout à côté de cette première rainure faite sur la paroi, on en pratique une autre qui la touche et qui lui est parallèle, de manière à les réunir bientôt en une seule beaucoup plus large que ne l'eût faite un simple trait de rénette. Cette largeur donnée à la rainure lorsqu'on la com-

(1) En donnant à ce sillon une plus grande obliquité, en le faisant aboutir au talon, comme le conseille M. d'Arboval, on retombe dans l'inconvénient qu'on a voulu éviter, en n'opérant pas à la manière de Lafosse ; c'est-à-dire que, pour obtenir l'*inutile* avantage de pouvoir brocher un clou en talon quand on devra ferrer le pied à demeure, on se prépare des difficultés réelles pour le manuel de l'opération. Je dis inutile avantage, car à quoi bon brocher un clou un peu plus prés ou un peu plus loin du talon ? L'animal ferré à planche jusqu'à l'entière avalure de la paroi, s'est-il jamais déferré ? Et d'ailleurs, on ne pourra brocher en talon qu'à la première ferrure, puisque, lorsqu'on aura paré le pied une fois, il ne restera plus assez de paroi au talon pour y fixer des clous, et qu'on se trouvera sur la corne du faux quartier (*Corne de cicatrice*)

6.

mence, est nécessaire pour faciliter le jeu de l'instrument parvenu à une certaine profondeur; car le rapprochement qui s'opère entre les deux lèvres de corne est si sensible, et le sillon se rétrécit tellement au fur et à mesure qu'on le creuse, que la rénette ne pourrait plus agir dans la voie qu'elle se serait frayée, si celle-ci n'avait eu d'abord que le diamètre justement nécessaire au passage de l'instrument. Quant à l'exécution de cette première manœuvre, M. Girard observe avec raison, que les coups de rénette portés de court, c'est-à-dire, qu'on ne traîne pas et qu'on enlève sur place, sont toujours les plus sûrs et les plus expéditifs. Il est surtout important d'arriver au vif, d'abord par le biseau, et successivement de ce point jusqu'au bord inférieur de la muraille; s'il en était autrement, comme on fait agir la rénette de haut en bas, il arriverait souvent (surtout quand on n'a pas l'habitude de se servir de cet instrument) de faire des traînées sur les portions de tissu réticulaire déjà mises à nu, de les déchirer, etc., ce qui amènerait infailliblement les fâcheuses conséquences que nous aurons bientôt l'occasion de signaler. Quand on s'aperçoit, par le moins de dureté de la corne, par sa couleur plus blanche, et par la profondeur du sillon, qu'on approche du tissu feuilleté, on quitte la grosse rénette pour prendre la plus étroite avec laquelle on manœuvre avec ménagement vers le biseau, jusqu'à ce qu'on aperçoive les feuillets de l'os du pied qu'on doit bien se garder d'entamer; alors on continue avec légèreté à les découvrir, jusqu'à ce qu'il ne reste plus une seule pellicule cornée dans toute l'étendue du fond de la rainure, de laquelle il faut, autant que possible qu'il ne s'écoule aucune goutte de sang. Il reste à séparer la paroi de la sole, depuis la terminaison en bas de cette première rainure, jusqu'au talon. Cette séparation s'opère avec la petite rénette sans aucune difficulté, quand ce côté du pied a été paré convenablement. Il est un point qui offre ordinairement beaucoup de résistance lorsqu'on arrache le quartier, c'est celui où la muraille se continue avec les barres; cette résistance est quelquefois telle, que, pour peu que l'on exerce une forte traction, la paroi se déchire un peu en avant des talons, où elle est très-mince, et qu'on est obligé d'enlever avec la feuille de sauge la portion qui ne s'est point détachée. On évite ce petit accident et les longueurs qu'il entraîne, en s'assurant bien, avant de tenter l'arrachement, que la continuité de la muraille et des barres a été détruite, et en la détruisant avec le boutoir ou la rénette, si elle existe encore. Cela fait, on quitte la rénette, et avec la pointe d'une feuille de sauge qu'on promène légèrement dans le fond des rainures, on complète la séparation de la portion de corne à enlever. C'est alors qu'on peut procéder à l'extraction du quartier, sans qu'il soit besoin, ainsi que le prescrit M. d'Arboval, *de faire une incision sur tout le bord supérieur de la paroi, en suivant la ligne qui est la trace de la réunion de l'ongle avec la peau.* Cette incision, outre qu'elle est tout-à-fait inutile, puisque le biseau se détache toujours de la peau avec la plus grande facilité, est dangereuse, en ce qu'elle expose l'opérateur à blesser le bourrelet qu'il est si important de ne pas endommager.

Lorsque le javart est la conséquence d'une bleime ou d'une piqûre, et en général, lorsque le pus a déjà fusé sous la paroi en quartier, celle-ci, détachée par la suppuration, n'exige que de légères tractions pour être enlevée ; on y parvient quelquefois même avec la main, sans le secours d'aucun instrument. Mais il n'en est pas ainsi lorsque la maladie n'intéresse que le cartilage, et que le tissu feuilleté est sain : alors certains efforts sont nécessaires pour opérer le désengrènement des feuillets de corne et des feuillets de chair. On introduit avec précaution sous l'angle inférieur et antérieur de la corne qu'on veut extraire, un *élévatoire,* ou, à son défaut, un rogne-pied assez résistant, dont on se sert comme d'un levier, en prenant un point d'appui sur la paroi à conserver : un aide armé de triquoises saisit cet ongle lorsqu'il est assez soulevé, et cherche à renverser le quartier de bas en haut, pendant que l'opérateur, engageant son levier plus avant, et le faisant agir au fur et à mesure que la corne se détache, favorise puissamment cette sépara- tion, à laquelle l'instrument tranchant ne doit concourir que le plus rarement possible. En ef- fet, il n'y a aucun besoin de couper, puisqu'il n'y a pas de continuité entre les tissus podophyl- leux et kéraphylleux ; et si on se sert de la feuille de sauge, il arrive, ou bien qu'on la fait agir trop près de l'os du pied, et alors on excise du tissu podophylleux ; ou bien qu'on incise trop près de la corne, et alors on coupe à leur base des feuillets de corne ; accident beaucoup moins grave à la vérité que le précédent, mais qu'il importe aussi d'éviter, car les feuillets de corne restant engagés entre les lames du tissu podo- phylleux, peuvent, lors du pansement, rendre le sentiment de la compression beaucoup plus dou- loureux.

Quand la disjonction est à peu près complète, le quartier ne tient plus que sur le bourrelet par son biseau ; pour l'en détacher, l'aide qui jusque- là avait opéré des tractions dans le sens de la longueur des feuillets, embrasse avec les triquoises une plus grande étendue de la muraille soulevée, et la renverse d'avant en arrière, pour la détacher successivement jusqu'au talon. Tous ces efforts doivent être lents, soutenus, gradués et ordonnés par l'opérateur qui les dirige en quelque sorte, et souvent les exécute lui-même vers les derniers instans; car, comme je l'ai dit, c'est aux parties latérales des talons que le quartier, étant plus mince, peut quelquefois se déchirer avant d'être entièrement arraché. Ce déchirement, plus fréquent du côté interne où la paroi est toujours moins épaisse, n'arrive jamais ou presque jamais, lorsqu'on a eu la précaution de détruire les arcsboutans. Si cependant il avait lieu, c'est avec la feuille de sauge qu'on enleverait couches par couches la portion de corne restée, dont la présence empêcherait l'opérateur de désunir en talon la peau qui recouvre le cartilage, et augmenterait singulièrement les difficultés de l'opération dans cet endroit.

Malgré la ligature placée dans le paturon, l'enlèvement du quartier est toujours suivi de l'écoulement momentané d'une certaine quantité de sang. Cette légère hémorrhagie s'arrête bientôt; on absterge doucement la surface saignante; et avant de rien tenter sur le cartilage, on excise avec précaution, non pas les chairs baveuses et filandreuses, comme on le dit, mais les petites portions cornées qui peuvent être restées sur la plaie ; on arrondit avec la rénette l'arête plus ou moins vive que forme la lèvre interne de la portion restante de la muraille, et avec la feuille de sauge ou la rénette double, on amincit les parties environnantes de la sole. Si celle-ci est déjà détachée, soit par le pus qui aurait fusé en dessous, soit par la formation d'une nouvelle sole, on enlève toute la portion soulevée avec le boutoir ou la rénette double. Dans tous les cas, on ne saurait trop ménager le tissu podophylleux ; on ne saurait prendre trop de précautions pour le laisser intact, puisqu'il est bien certain ( et c'est une vérité capitale dans les opérations de pied) que des entamures faites à ce tissu peuvent éloigner de quinze jours, un mois et plus, l'époque de la cicatrisation et de la production sur la plaie d'une bonne corne de cicatrice. Je reviendrai sur ce point important, quand je m'occuperai des accidens qui peuvent retarder la guérison.

L'extraction du quartier n'est ici qu'une opération purement préparatoire, toutes les fois que le pus n'a pas fusé sous la muraille, ou que l'os du pied n'est pas attaqué. Elle n'a pour objet que de découvrir le cartilage dont la corne recouvre près des deux tiers inférieurs. Le but, la partie essentielle de l'opération, est l'extirpation du cartilage dont je vais décrire le manuel, en supposant un cas où la carie de cet organe serait la seule lésion. Je ferai connaître ensuite les circonstances qui peuvent la compliquer et nécessiter des manœuvres particulières.

Il faut d'abord isoler le cartilage de la peau qui le recouvre : on se sert à cet effet de la feuille de sauge double, dont on fait pénétrer la pointe au-dessous du bourrelet. Pour y parvenir plus facilement, et ne pas s'exposer (ce qui arrive quelquefois quand la peau est très-épaissie) à enfoncer la pointe de l'instrument dans l'épaisseur des tégumens, ou à travers le cartilage, on commence par séparer le bourrelet du tissu feuilleté qui lui est continu, par une incision que l'on prolonge sur l'endroit où ils se confondent, depuis la partie antérieure de la plaie jusqu'à la pointe du talon. On voit aussitôt les lèvres de cette incision s'écarter ; le bourrelet remonte, le tissu feuilleté descend, et le tissu cellulaire sous-jacent, encore assez lâche à cet endroit, apparaît : rien n'est plus facile alors que d'introduire la lame de la feuille de sauge double sous le bourrelet. On tient l'instrument de manière que sa face concave soit en rapport avec la face convexe du cartilage, et on le fait pénétrer avec précaution en enfonçant sa pointe, en même - temps qu'on exécute de légers mouve-mens à droite et à gauche, pour détruire dans toute leur étendue les adhérences du cartilage avec les tégumens. On opère cette désunion avec les mêmes ménagemens antérieurement que postérieurement. En arrivant vers les talons, il faut avoir l'attention de faire suivre à la feuille de sauge le contour du cartilage à cette région, de telle sorte que le tranchant de l'instrument ne soit pas exposé à couper le bourrelet, à la moindre échappée de l'opérateur ou au moindre mouvement de l'animal. On aura soin aussi, vers les talons, que la lame de l'instrument soit moins engagée sous la peau; car à cet endroit, celle-ci se contournant brusquement dans le pli du paturon par-dessus le cartilage qui y est peu élevé, pourrait être traversée par la pointe de la feuille de sauge. Cette blessure est beau-coup moins grave à la vérité que l'incision du bourrelet; mais on ne doit pas moins chercher à l'éviter, en baissant ou élevant alternativement la main ou les mains qui tiennent le manche de l'instrument, suivant la forme de la partie. Si pendant cette manœuvre, comme pendant le reste de l'opération, l'animal se livre à quel-ques mouvemens, on doit sur-le-champ re-tirer l'instrument, et ne l'introduire de nouveau que lorsqu'ils ont complétement cessé (1).

La peau qui recouvrait le cartilage, bien que détachée sur tous les points (ce dont on s'assure avec le doigt), ne permet cependant pas d'agir sur cet organe avec beaucoup d'aisance ; il n'est possible de la soulever que très-peu : d'abord, parce qu'elle est naturellement tendue sur cette région, et ensuite, parce qu'étant le plus souvent tuméfiée dans le cas de javart, elle est devenue beaucoup moins souple. Pour éviter ces difficultés, quelques opérateurs, méconnaissant les fonctions du bourrelet, l'enlèvent avec toute la portion de peau qui revêt le cartilage, et ainsi mettent cet organe entièrement à découvert ; d'autres plus réservés se contentent de fendre le bourrelet dans son milieu jusqu'au

(1) Sur certains chevaux irritables, ces mouvemens sont quelquefois si brusques, si violens et si souvent répétés, qu'on éviterait difficilement d'endommager la peau et de couper le bourrelet, si on n'avait l'attention de prendre toujours un point d'appui à la face inférieure du pied, avec l'index ou le médius de la main qui tient principalement le manche de l'instrument. De cette manière, on sent le moindre mouvement de l'animal, et on peut s'y soustraire à temps ; et dans le cas où on n'aurait pu retirer assez tôt l'instrument, on n'a pas à craindre qu'il ne s'engage trop avant dans la plaie, puisque le même mouvement qui pousse le pied sur l'instrument, repousse également la main qui tient celui-ci.

bord supérieur du cartilage , et relevant de chaque côté et en haut les lambeaux résultant de cette incision , arrivent avec moins de délabremens au même résultat. Ces deux méthodes ayant pour effet nécessaire la destruction ou la solution de continuité de l'agent principal de la sécrétion de la muraille , ne sauraient être mises en usage par des vétérinaires instruits. Par la première , en effet, non-seulement on retarde beaucoup la guérison, mais encore on s'oppose à la reproduction d'une nouvelle muraille, et on condamne l'animal aux conséquences toujours difformes et quelquefois dangereuses d'un faux quartier : par la seconde , la corne qui pousse de l'endroit où le bourrelet a été fendu, est divisée elle-même ; il y a une véritable seime à laquelle rien ne pourra remédier , ce dont ont pu se convaincre les praticiens qui, intentionnellement ou par accident, ont incisé le bourrelet dans cette opération. La clinique de l'Ecole, et des expériences particulières faites sous les yeux des élèves, m'ont fourni plusieurs exemples des suites fâcheuses de ces deux procédés opératoires, sur le danger desquels je ne saurais trop insister.

Après avoir détaché , sans la blesser , la peau qui adhérait au cartilage, l'opérateur la saisit avec une érigne plate qu'il confie à un aide, auquel il indique au fur et à mesure les endroits où il importe de la soulever davantage. De cette manière, il apprécie mieux les ravages de la carie, et rend plus facile le jeu des instrumens dont il peut suivre ou diriger l'action. C'est de la feuille de sauge simple, à droite ou à gauche, suivant le cas, qu'on se sert ordinairement pour amputer le cartilage (1). Les plus étroites sont sans contredit les plus faciles à conduire. On tient le manche à pleine main, et prenant un point d'appui avec le plat du pouce à la face plantaire du pied, on engage la lame entre la peau et le cartilage en talon, le tranchant tourné en arrière et en bas ; puis, par un mouvement de semi-rotation du poignet, on la ramène en avant et en dessous, en contournant le cartilage dont on peut sans danger couper la moitié postérieure dans ce premier temps. L'extirpation de la moitié antérieure est beaucoup plus difficile et exige plus d'attention et de dextérité. On se rappelle, en effet, que le cartilage qui postérieurement ne recouvre que du tissu fibrograisseux, se trouve à la base de son tiers antérieur, en rapport assez intime avec la capsule

(1) C'est surtout dans l'opération de certains javarts, qu'il est avantageux d'être ambidextre, puisqu'il est difficile d'opérer autrement que de la main gauche, lorsque la carie existe aux cartilages internes des deux pieds gauches, et aux cartilages externes du bipède latéral droit.

articulaire apparente entre les deux ligamens latéraux ; et que, tout-à-fait en avant, il recouvre
près de la moitié du ligament latéral antérieur
auquel il adhère par un tissu fibreux très-dense
(*voyez* à la planche fig. 2, les lettres B et D). Or,
c'est le voisinage de ces deux organes qui rend
cette partie de l'opération si délicate. Afin d'être
moins exposé à ouvrir la capsule, on la met dans
le plus grand état de tension possible, en faisant
porter le pied en avant et en bas : on engage
alors le tranchant de l'instrument sous le bord
supérieur de la portion restante du cartilage (en
conservant toujours un point d'appui avec le
pouce, à la face plantaire du pied, pour ne pas
faire d'échappées), et par une suite de mouvemens courts et brusques, de haut en bas et de
dedans en dehors, on enlève en plusieurs fois
et par couches minces, tout ce qui recouvre la
membrane synoviale et le ligament. Au fur et à
mesure qu'une tranche de cartilage est incisée,
on la saisit avec les pinces à dents de souris, et
on l'excise en coupant les brides qui peuvent
encore la fixer aux parties environnantes : on
parvient ainsi au terme de l'opération. Je ne
pense pas avec M. d'Arboval, qu'il doive rester dans la plaie *aucune parcelle* de cartilage.
M. Girard a dit, et l'expérience le démontre tous
les jours, que non - seulement il n'y a pas de

grands inconvéniens, mais même qu'il y a prudence à laisser quelques lamelles cartilagineuses bien minces, soit sur la capsule, soit sur le ligament, quand leur excision exposerait au danger de blesser l'un ou l'autre de ces derniers organes. La suppuration ne tarde pas à enlever ces légers débris (1).

Il est des vétérinaires qui attachent beaucoup d'importance à amputer tout le cartilage d'une seule pièce, pour se donner le vain plaisir d'avoir fait une opération *plus brillante*, comme ils le disent. Ce moyen est plus expéditif, sans doute; mais est-il le plus sûr? non. Or, comme avant tout il faut opérer sûrement; comme le vétéri-

---

(1) J'ai remarqué aussi qu'on pouvait oublier impunément d'extraire des portions cartilagineuses, même assez considérables, pourvu qu'elles fussent complétement isolées de la base, et qu'elles ne tinssent plus aux parties environnantes que par du tissu cellulaire. Dans une des premières opérations de javart que je pratiquai, la peau très-dure et tuméfiée adhérait tellement aux parties sous-jacentes, que, croyant introduire ma feuille de sauge double sous le bourrelet, je l'enfonçai dans l'épaisseur du cartilage dont une couche assez étendue resta à la face interne de la peau. Au deuxième pansement, douze jours après l'opération, la suppuration avait détaché cette couche que je trouvai tout entière sur le plumasseau. Une autre fois je laissai au fond de la plaie, sans m'en apercevoir, le volume d'une pièce de cinq sous, du bord supérieur du cartilage; il était sur les plumasseaux dix jours après, à la levée du premier appareil.

naire le plus habile n'est pas celui qui opère le plus vite, mais celui qui guérit le plus promptement; je regarderai toujours de pareilles tentatives comme très-imprudentes, ou au moins téméraires.

J'ai entendu dire aussi à des personnes dont les opinions peuvent avoir quelque poids, que rien n'était plus facile que de distinguer l'endroit où le cartilage se termine antérieurement. Quoique j'aie opéré bien des javarts, j'avoue qu'il m'a toujours été impossible de reconnaître nettement la limite antérieure de cet organe. Je ne cesse l'opération, que lorsqu'arrivé au point que je sais être approximativement celui de sa terminaison, je ne sens plus de tissu cartilagineux dans la plaie. Et comment n'en serait-il pas ainsi, lorsque la peau, le sang, l'infiltration des parties gênent l'opérateur? puisqu'après avoir découvert ces mêmes parties sur le pied sain d'un cadavre, après avoir enlevé la peau et la corne qui les recouvrent, il est extrêmement difficile de dire précisément : C'est là que finit le cartilage ; c'est là que commence l'expansion tendineuse qui lui fait continuité.

Quand on s'est bien assuré avec le doigt qu'il ne reste plus de cartilage, ou que des couches très-minces dont il serait dangereux de tenter l'extraction, on fait fléchir le pied deux ou trois fois de suite, pour se convaincre qu'on n'a pas ouvert la capsule articulaire; on la voit se boursoufler et faire saillie sans laisser échapper de synovie. L'opération alors est terminée. Mais elle n'est pas toujours aussi simple que nous venons de le voir; il est des circonstances qui en compliquent singulièrement l'exécution : les unes sont un effet des ravages de la maladie; les autres en sont tout-à-fait indépendantes, et tiennent à des dispositions organiques accidentelles. Parmi ces dernières se trouve l'ossification du cartilage.

J'ai dit précédemment quelles étaient les causes présumables de cette transformation osseuse, et comment elle avait lieu ordinairement. Examinons maintenant les indications à remplir suivant les formes et l'étendue de l'ossification. Si elle est à peu près complète, si elle a envahi presque tout le cartilage, on se borne à enlever le peu de substance cartilagineuse qui reste et qu'affecte la carie. On rugine ensuite la portion osseuse, si elle est malade; et on arrondit avec la rénette ou une grosse feuille de sauge, les angles ou les arètes qu'elle peut présenter. Selon quelques vétérinaires, on devrait, dans ce cas, enlever avec la rénette, la gouge ou une scie demi-circulaire, toute la portion ossifiée. Cette opération peut être bonne à permettre au pied plus d'élasticité après la guérison ; mais, outre qu'elle est très-difficile à cause de la dureté extrême que présente la base de ces sortes d'ossifications, elle expose au danger presque inévitable de blesser la capsule, fait beaucoup souffrir l'animal, rend la cure très-longue et incertaine, et est tout-à-fait inutile au but que l'on se propose en opérant, puisqu'il suffit d'enlever ce qui reste de cartilage pour n'avoir plus à craindre de carie. En effet, cette substance osseuse accidentelle est susceptible de suppurer, de se recouvrir de bourgeons charnus, et de se cicatriser comme l'os du pied auquel elle fait continuité. Lafosse fils s'exprime ainsi, relativement à cette ossification : « Avant de faire l'opération, il faut examiner » s'il y a un cartilage, ou si c'est un os qui oc- » cupe la place du cartilage ; car, comme je l'ai » dit plus haut, il y a quelquefois une éminence » osseuse aplatie à la place du cartilage ; on sent » au tact si c'est un os. Dans ce cas, il n'est pas » besoin de couper la corne, il faut seulement » faire une ouverture à la peau vers la partie » supérieure de cette éminence osseuse, pour » couper le cartilage dont elle est bordée supé- » rieurement, et qui est le siége du javart. » Cette opération n'est pas dangereuse, parce » que ce cartilage est éloigné du ligament, et de

» la capsule. » Le moyen indiqué par Lafosse, dans le cas qu'il a supposé, est simple et rationnel ; mais je doute qu'il soit possible, à travers la peau et l'engorgement dont elle est le siége, de reconnaître aussi précisément l'état de l'ossification.

Lorsque l'ossification n'occupe que la surface externe du cartilage ; lorsqu'elle ne consiste qu'en irradiations osseuses partant de la base ; ou bien, lorsque le cartilage n'est qu'imparfaitement ossifié, il n'y a pas à hésiter, il faut enlever toutes ces productions jusqu'à l'endroit où l'ossification se trouve parfaite, ayant la précaution de ne laisser subsister ni tissu cartilagineux, ni angles, ni pointes, ni aspérités sur l'os. La rénette, une feuille de sauge à tranchant obtus, et de fortes pinces sont les instrumens qu'on emploie dans ce cas, où on a besoin de la plus grande attention pour ne pas blesser la capsule qui le plus souvent adhère à la production osseuse dans une grande partie de son étendue (1).

(1) Il m'est arrivé deux fois de rencontrer au-dessous du cartilage un noyau osseux du volume d'une noisette, à surface irrégulière, comprimant la partie postérieure de la capsule, et n'adhérant que faiblement au cartilage. Ce noyau s'enfonçait du côté de l'extrémité correspondante du petit sésamoïde auquel il paraissait faire continuité. Comme il s'appuyait sur la capsule qu'il refoulait même en avant, je n'osai l'enlever

Si quelquefois on rencontre le cartilage ossifié en totalité ou en partie, il arrive d'autres fois, lorsque la carie existe depuis long-temps, qu'il ne reste plus que très-peu de substance cartilagineuse, et qu'on trouve à sa place un tissu fibreux lardacé qui n'a pas de forme déterminée, fait continuité à la peau et aux tissus sous-jacens, ou du moins leur est uni d'une manière très-intime. Si ce tissu n'est pas altéré lui-même, il ne faut pas l'enlever; on se contente de suivre les fistules qui le traversent, et d'extraire ce qui reste de cartilage.

La capsule de l'articulation du deuxième avec le troisième phalangien peut être blessée pendant l'opération, soit par inadvertance de la part

avec l'instrument tranchant; mais je parvins chaque fois à l'arracher sans accident, après l'avoir saisi avec de grosses pinces, et exercé pendant quelques minutes des tractions lentes et multipliées en différens sens. Je pense que cette production était due à l'ossification de la grosse bride ligamento-cartilagineuse, qui se porte de chaque extrémité du petit sésamoïde à la face interne du cartilage. Ce qui m'autorise à émettre cette opinion, c'est qu'en disséquant le pied d'un cheval affecté d'un ancien javart qu'on avait cautérisé plusieurs fois, je trouvai ce ligament converti en une substance osseuse, légère, poreuse, friable, à surface irrégulière, en tout semblable à celle dont je viens de parler. Je remarquai avec surprise que dans aucun de ces cas, la substance du cartilage, même la plus voisine du ligament, ne paraissait disposée à participer à cette transformation.

de l'opérateur, soit par l'événement d'une circonstance imprévue, comme, par exemple, un mouvement brusque de l'animal au moment où l'on incise la partie du cartilage qui la recouvre. Il peut se faire aussi qu'un développement extraordinaire de cette membrane en impose au vétérinaire. C'est ainsi qu'elle peut être boursouflée outre mesure, et recouverte de tissu cellulaire adipeux, au point de simuler une petite tumeur graisseuse sur laquelle on croit pouvoir porter l'instrument sans danger (1). Cette erreur est surtout facile, lorsqu'une ossification commençante de la base du cartilage refoule tellement en haut et en arrière ce boursouflement, qu'il ne correspond plus à l'intervalle qui sépare les deux ligamens (2).

L'ouverture de la capsule, lorsqu'elle a lieu, s'annonce par l'épanchement immédiat sur la

(1) M. Girard assure avoir vu quelques-uns de ces boursouflemens dont le volume égalait celui d'un œuf de poule.

(2) Ce fut en février 1827, aux hôpitaux de l'Ecole, que j'eus pour la première fois occasion de remarquer ce singulier déplacement de la membrane synoviale. J'opérais un cheval du javart cartilagineux ; et au moment où j'excisais des tissus altérés situés entre la face interne du cartilage et le ligament latéral postérieur, je vis la synovie s'écouler par une ouverture que je venais de faire à la capsule. Je fus d'autant plus surpris de cet accident, que la place où se trouve ordinairement la synoviale était recouverte par le tiers antérieur

plaie d'un liquide clair, filant, qui est la synovie. Quand la blessure est très-petite, cette liqueur ne s'écoule pas sur l'instant, mais peu à peu, et surtout lorsqu'on fait exécuter au pied des mouvemens successifs de flexion et d'extension. Autrefois cet accident était regardé dans tous les cas comme une circonstance éminemment grave. Lafosse recommande expressément d'éviter d'endommager la capsule, *sous peine d'estropier l'animal sans ressource.* Il est bien démontré aujourd'hui que les suites n'en sont point aussi redoutables qu'on se l'était imaginé, lors toutefois que l'ouverture a été faite par l'instrument tranchant; car lorsqu'elle existe avant l'opération et que les bords en sont ulcéreux, elle est excessivement dangereuse, quoi qu'en ait dit M. d'Arboval, et éloigne de beaucoup l'époque de la guérison, dans les cas assez rares où elle

du cartilage que je n'avais pas encore touché. Le grand développement de cette membrane, et l'ossification de la base antérieure du cartilage, m'expliquèrent la cause de la blessure. J'appelai l'attention des élèves sur cette disposition remarquable, que nous retrouvâmes quelques mois plus tard, sur une jument à laquelle je faisais la même opération. Dans celle-ci, la poche synoviale était refoulée en haut par l'ossification, et correspondait au milieu de la face latérale de l'os de la couronne. Ayant reconnu à temps cet état anormal des parties, j'évitai, non sans peine, d'entamer la capsule, dont le boursouflement apparent égalait le volume d'une aveline.

permet de l'espérer. La blessure faite par l'instrument peut être une simple piqûre, et alors elle ne doit inspirer aucune crainte ; elle est plus grave, si c'est une incision de quelques lignes d'étendue ; enfin, elle peut avoir des suites très-fâcheuses, si elle a été faite avec perte de substance.

Pour y remédier, quelle qu'en soit la cause, les anciens hippiatres conseillaient l'application sur l'ouverture de la capsule, d'un plumasseau enduit de *pâte camphrée* ( camphre écrasé, délayé presque à consistance pâteuse dans l'alcool ou l'éther ). Ce moyen qu'emploient encore beaucoup de praticiens, est aussi préconisé dans le *Dictionnaire de Médecine et de Chirurgie vétérinaires*. M. Girard a dit avec raison qu'un simple tampon d'étoupes était préférable : je puis assurer, de mon côté, qu'ayant ouvert la capsule, légèrement à la vérité, sur quelques-uns des chevaux que j'ai opérés à l'école, j'ai seulement eu la précaution de recouvrir l'endroit blessé d'un petit plumasseau légèrement humecté, et de ne lever l'appareil qu'au bout de neuf à dix jours au plus tôt. Ce délai a constamment suffi à l'occlusion de l'ouverture, sans que les souffrances de l'animal aient été sensiblement augmentées. Tout le secret consiste à empêcher que le pus ou l'air ne pénètrent dans la plaie. Il serait possible, pourtant, que la pâte camphrée ou toute autre préparation excitante produisît de bons effets, lorsque la synovie s'écoule déjà depuis quelque temps, et qu'on peut supposer que les bords de l'ouverture sont ulcéreux. Ces applications médicamenteuses agiraient alors, quoiqu'avec une énergie bien différente, comme agissent les teintures résineuses et le feu même, que l'on a quelquefois mis en usage avec succès dans les plaies pénétrantes et anciennes des articulations.

J'ai dit qu'il était prudent de laisser plutôt antérieurement quelques parcelles fibro-cartilagineuses, que de risquer d'endommager le ligament latéral antérieur. En effet, la moindre lésion de ce ligament est considérée depuis long-temps par tous les praticiens comme un accident des plus fâcheux, qui rend la guérison douteuse ou très-longue, et empêche l'animal de se redresser jamais complétement. N'ayant point eu l'occasion de constater les effets de cette blessure sur des animaux opérés du javart, j'ai fait quelques expériences dans lesquelles j'ai excisé des portions plus ou moins considérables du ligament. Les résultats que j'en ai obtenus ont pleinement confirmé l'opinion des vétérinaires sur le danger de ces accidens : les animaux souffrent horriblement ; les plaies sont long-temps à guérir, et la claudication persiste presque toujours; du moins était-elle encore très-forte sur un des sujets d'expérience que j'ai gardé quatre mois.

M. Girard dit que, dans quelques circonstances, le ligament dont il est question acquiert une texture fibro-cartilagineuse, et que, parvenu à cet état, il est susceptible de la même altération que le fibro-cartilage latéral. Ces cas doivent être rares; cependant, s'ils se présentaient, il serait indispensable de faire l'ablation de la portion cariée, ce qui augmenterait singulièrement les dangers de l'opération. Il y aurait peut-être indication alors d'employer plutôt le cautère, et de ne toucher que le point qu'aurait envahi la carie. Je ne sache pas qu'aucun fait de ce genre ait encore été publié.

Nous n'avons jusqu'à présent tracé la marche à suivre dans l'opération, que dans le cas où le cartilage seul est malade, et nous avons dit les indications à remplir, lorsque cet organe est ossifié. Mais il est des circonstances où d'autres désordres compliquent le javart : tantôt le bourrelet qui recouvre l'organe malade a été détruit en totalité ou en partie, soit par une inflammation violente de la peau, soit par l'emploi plusieurs fois répété des caustiques ou du feu avant l'opération, soit par l'action directe de la cause de la carie, si cette cause a été une contusion violente; tantôt le pus a fusé sous la paroi, altéré plus ou moins profondément le tissu podophylleux, soulevé la sole, et quelquefois carié l'os du pied lui-même. Cette dernière série d'accidens s'observe, surtout, quand le javart est la suite d'une bleime suppurée, d'une piqûre faite par un clou de rue au talon, ou par un clou du fer. Ces deux genres de complications sont graves, non pas seulement parce qu'elles rendent l'opération plus longue, et nécessitent des délabremens plus profonds, mais bien parce qu'elles intéressent deux organes dont l'intégrité est nécessaire à la sécrétion d'une bonne corne, le bourrelet et le tissu podophylleux.

Si le bourrelet a été entièrement détruit (1), il n'y a rien à faire; mais s'il ne l'a été qu'incomplétement, s'il en reste encore des lambeaux, ou s'il n'a été lésé que sur quelques points de son étendue, il faut s'attacher à bien ménager ce qui en reste, lors même que ces lambeaux ne tiendraient plus à la peau que par des pédoncules très-étroits : car, s'ils sont déjà mortifiés, ils tomberont par la suppuration; et s'ils ne le sont

(1) Je parle seulement de la portion de bourrelet correspondante au quartier enlevé, de celle qui recouvre le cartilage malade.

pas, ils fourniront encore une corne de bonne nature, sur tous les points où ils auront été conservés, et rendront le nouveau quartier plus solide et moins difforme. Si la blessure du bourrelet consiste en une division simple et peu étendue, faite accidentellement pendant l'opération, on devra tenter d'en obtenir la réunion par première intention, en rapprochant les deux lèvres de l'incision, et en les maintenant en contact par une disposition convenable de l'appareil de pansement.

L'altération des feuillets existant seule, sans lésion de l'os du pied, il importe d'être extrêmement réservé sur leur excision. Je pense même que, lorsqu'on a la certitude que leur désorganisation n'est que superficielle, il est préférable de n'y pas toucher avec l'instrument, et de laisser à la suppuration le soin de séparer et d'entraîner les parties désorganisées. Ce qui me fonde à recommander cette grande circonspection, c'est qu'ayant constamment remarqué combien l'enlèvement de quelques portions du tissu podophylleux retardait la guérison, je me suis hasardé, dans quelques circonstances où il n'y avait pas carie de l'os, à ne pas toucher à un seul feuillet de ce tissu, bien que sa couleur noire et son extrême mollesse dans quelques endroits, fissent croire à l'impossibilité de sa conservation :

le succès a répondu à mon attente ; et dans tous ces cas, j'ai trouvé à la levée du premier appareil toute la surface des feuillets déjà recouverte de corne jaunâtre, même sur les points que j'avais regardés comme mortifiés. Certes, il n'en eût pas été ainsi si je les eusse enlevés.

Dans le cas pourtant où il y a carie de l'os du pied, on est forcé de détruire les tissus podophylleux et réticulaire qui recouvrent le siége de la carie, afin de pouvoir ruginer avec la rénette ou enlever avec la feuille de sauge toute la substance osseuse malade. On s'attache alors à n'en détruire que le moins possible, puisqu'il est vrai qu'à profondeur égale, les plaies de ce tissu, comme celles de la peau, se cicatrisent plus vite quand elles sont moins étendues. Si la carie de l'os du pied s'étendait antérieurement sous la muraille qui a été conservée, on enlèverait une nouvelle portion de cette muraille, jusqu'à ce qu'on ait mis à découvert le point où s'arrête l'altération de l'os.

Là se termine cette opération toujours délicate et très-douloureuse, et dont il est difficile de prévoir la durée et les résultats avant d'y procéder. Souvent, en effet, ce n'est qu'après l'ablation du quartier qu'on découvre des désordres qu'on n'avait pas même soupçonnés, et qui peuvent être tels, que, si le malade n'a pas une grande valeur, on hésite à tenter la chance du traitement, tant elle paraît incertaine. Il faut donc bien se garder, pour peu que l'on conserve de doute, de garantir la curabilité parfaite d'un javart qu'on ne voit qu'en dehors, et surtout, de prédire à peu près à terme fixe quelle devra être l'époque de la guérison. La prudence et l'intérêt de sa propre réputation doivent toujours tenir le vétérinaire dans une sage réserve, dans les cas douteux et avant l'opération.

Quelques opérateurs, avant de procéder au pansement, et pour peu que l'animal soit sanguin, ôtent momentanément la ligature du paturon, desserrent les liens qui fixent le membre, et laissent le sang s'écouler par la plaie pendant quelque temps. Ils pratiquent ainsi une véritable saignée locale, plus ou moins abondante suivant le cas, qui peut, ce me semble, présenter plutôt des avantages que des inconvéniens. Pour l'arrêter, il suffit de resserrer les liens du membre et de replacer la ligature dans le paturon. Il ne reste plus alors qu'à procéder à l'application du premier appareil.

Si le fer a été enlevé avant l'opération, on le rattache avec quatre ou cinq clous à lame délicate, que l'on broche dans les vieux trous, de manière à n'ébranler le pied que le moins possible. Il faut prendre garde pendant cette opération de prendre un point d'appui ou d'exercer des frottemens sur la plaie que l'on a dû garantir du contact de l'air, en la couvrant d'une légère couche d'étoupe. Pour éviter au pied des ébranlemens toujours douloureux, on rabat les lames des clous sans les river, ou bien on leur laisse des rivets très-longs sans les écraser.

Ici commence pour nous l'examen d'une question fort importante, et sur laquelle les avis des vétérinaires sont encore partagés : quelles sont les règles à suivre dans l'application du premier appareil, après l'opération du javart cartilagineux ? Ce point de thérapeutique chirurgicale est d'autant plus digne d'attention, qu'il est bien vrai que la promptitude et quelquefois même la possibilité de la guérison, sont subordonnées à la méthode plus ou moins parfaite qui préside aux pansemens ; et qu'il est bien reconnu aujourd'hui, que l'opération la mieux faite n'aura qu'un succès difficile ou très-incomplet, si les pansemens sont mal exécutés. Étudions donc avec tout l'intérêt qu'elle mérite, cette partie de l'histoire du javart ; comparons entre elles les opinions si diverses qui ont été émises sur la meilleure manière de disposer les pièces du pansement, et n'adoptons que ceux des préceptes dont la raison et l'expérience nous paraîtront avoir démontré les avantages.

Tous les vétérinaires sont d'accord sur ce point, que la compression exercée par l'étoupade doit être ferme et égale; mais tous ne s'accordent pas sur les moyens de l'obtenir. Les uns pensent que l'on parvient plus facilement à ce résultat, en mouillant légèrement les premières couches des plumasseaux ; les autres blâment au contraire cette méthode, et préfèrent l'emploi de l'étoupe sèche. On lit à ce sujet le passage suivant dans le *Dictionnaire de Médecine et de Chirurgie vétérinaires* : « Plusieurs praticiens, dans l'inten-
» tion d'égaliser davantage l'étoupade et la com-
» pression, trempent les plumasseaux dans l'eau
» et les expriment avant de les appliquer. Il en
» résulte que les filamens des étoupes se rappro-
» chent, et que l'appareil doit exercer une com-
» pression trop forte, puisque ses différentes
» couches n'ont plus la souplesse qu'elles doivent
» avoir : cette manière est donc *défectueuse*, non-
» seulement sous ce rapport, mais encore parce
» qu'elle empêche la plaie de saigner, etc. »

La meilleure réponse à cette argumentation serait peut-être de citer trente ou quarante observations qui me sont particulières, et une foule d'autres encore dans lesquelles la guérison a eu lieu assez promptement, *malgré* l'emploi des plumasseaux imbibés d'eau plus ou moins alcoolisée suivant les sujets ; mais j'espère prouver, sans peine, qu'un peu plus de réflexion sur ce qui a lieu lors du pansement sec, aurait fait éviter à l'auteur du Dictionnaire l'erreur dans laquelle il est tombé. En effet, toute la différence entre la méthode qu'il adopte et celle qu'il rejette, est que, dans celle-ci, les plumasseaux sont mouillés avec de l'eau, du vin ou de l'eau-de-vie; tandis que, dans celle-là, ils sont mouillés avec du sang. Deux mots le feront facilement concevoir: Suivant le procédé de M. d'Arboval, après avoir terminé l'opération et avant le pansement, on défait la ligature du paturon, afin de rétablir la circulation dans le pied: or, qu'arrive-t-il? Le sang n'éprouvant plus d'obstacle dans son cours, inonde bientôt toute la surface de la plaie, est promptement absorbé par les premiers plumasseaux secs que l'on applique, et pénètre assez avant dans l'étoupade, lorsqu'on vient à serrer la ligature destinée à la maintenir. Les plumasseaux sont donc mouillés par le sang, et le même effet est produit que s'ils eussent été mouillés par tout autre liquide. Il suffit, pour se convaincre de cette pénétration du sang à travers les premières couches de l'appareil, de lever celui-ci cinq à six minutes seulement après qu'il a été placé, comme je l'ai fait à titre d'expérience. Si, voulant éviter cet *inconvénient*, on procède au pansement avant d'enle-

ver la ligature du paturon, un autre inconvénient plus réel et plus grave se présente : l'étoupade qui se conserve bien sèche pendant son
application, n'est serrée qu'au degré nécessaire
pour exercer la compression qu'on juge convenable ; mais lorsqu'après le pansement fait, on
rétablit la circulation, le sang affluant vers la
plaie s'insinue à travers l'étoupade, la pénètre ;
les plumasseaux ainsi humectés reviennent sur
eux-mêmes ; leurs filámens se rapprochent, se
serrent ; et la compression, si elle avait été bien
établie d'abord, est nécessairement alors imparfaite. Rien de plus clair, il me semble, que ce
raisonnement ; rien de plus en rapport avec la
réalité des faits. Je n'insisterai donc pas davantage sur ce point ; et, sans rejeter formellement
l'emploi de l'étoupade sèche, puisqu'elle a réussi
et qu'elle réussit encore à quelques vétérinaires,
je puis assurer qu'il est plus facile, plus sûr, et
partant plus rationnel, pour établir méthodiquement la compression, de mouiller un peu les
plumasseaux que l'on applique les premiers.
Arrivons à la discussion d'une question plus
grave dans ses conséquences, et sur laquelle on
a beaucoup erré, selon moi.

Il résulte de l'opération deux plaies ; l'une
sous-cutanée, produite par le détachement de la
peau et l'extraction du cartilage ; l'autre sous-

cornée, causée par l'enlèvement d'une portion de la muraille. Toutes deux méritent beaucoup d'attention ; mais je pense que quand le cartilage est seul malade, ce qui arrive le plus ordinairement, la plaie qui est sous le bourrelet exige généralement plus de soins, est plus difficile et plus importante à bien diriger, que celle qui résulte de l'extirpation de la muraille. Parlons d'abord des indications à remplir pour la plaie sous-cornée, et n'oublions pas que nous avons supposé un cas où le tissu podophylleux serait parfaitement intact.

Jusqu'à présent on a dit que dans l'état naturel, les tissus qu'entoure le sabot étant retenus et *comprimés* par la corne qui les recouvre, il devenait nécessaire, toutes les fois que l'on enlevait une portion de cette corne, de la suppléer par un appareil exerçant sur les parties mises à nu, une compression égale à celle qu'elles éprouvaient avant l'opération , sous peine de voir se développer des boursouflemens énormes , des cerises, etc. De là, la nécessité, aux yeux de quelques vétérinaires , de serrer le plus possible leur appareil; de là, ces accidens inflammatoires locaux si douloureux; de là, ces fièvres de réaction si violentes, qui peuvent faire succomber le malade, ou qui nécessitent la levée de l'appareil avant le temps , ce qui est toujours très-nuisible; et tout cela, parce qu'on est parti d'une donnée entièrement inexacte. Il n'est pas vrai, en effet, que dans l'état naturel la corne *comprime* les tissus sous-jacens; elle ne maintient même pas ces tissus, parce que dans l'état naturel ils ne tendent pas à se tuméfier. Si la moindre compression avait lieu sur des parties aussi éminemment sensibles que le tissu feuilleté, une douleur plus ou moins vive en serait infailliblement le résultat, et la boiterie en serait le symptôme. N'est-ce pas ce qui arrive, lorsque la muraille tout entière, ou seulement un quartier, se resserre sous l'influence d'une cause quelconque? N'est-ce pas la même cause qui détermine la claudication dans les cas de kéraphyllocèle? N'est-ce pas encore parce que le tissu réticulaire, engorgé par le sang, pousse les tissus feuilleté et velouté contre la muraille et la sole, que les douleurs sont si promptes et si vives dans la fourbure? Or, si tels sont les constans effets de la moindre compression sur le tissu feuilleté, peut-on raisonnablement admettre qu'il soit *comprimé* dans l'état normal, comme on l'a avancé?

On m'objectera peut-être qu'à la suite de l'opération, les parties ne sont pas dans l'état normal; qu'elles sont alors le siége d'une irritation violente, que le sang y afflue, etc., et qu'il est indispensable de s'opposer à l'excès d'engorgement des tissus. Je tombe d'accord sur ce point ; mais j'observe qu'une compression forte ne serait nécessaire que dans les cas où cette tendance à l'engorgement serait forte elle-même , et sans bornes; dans le cas où on aurait à craindre le développement extrême de bourgeons charnus. Ici de pareils accidens ne peuvent survenir, puisque le tissu cellulaire seul peut bourgeonner, et que le tissu cellulaire n'a pas été mis à découvert ; mais seulement le tissu feuilleté, véritable membrane exhalante, peu extensible, qui peut bien se prêter un peu à l'engorgement du tissu réticulaire sous-jacent , mais qui n'est pas plus suceptible de bourgeonner, que la surface des muqueuses ou de la peau, dont elle est une continuité (1). Il n'est donc besoin que de *maintenir* cette surface par un appareil souple et bien égal sur tous les points, et non de la comprimer *fortement ;* une pareille compression ne pouvant être que très-préjudiciable sur un organe dont la sensibilité, naturellement très-grande, est encore

(1) Il est bien constant que les tissus feuilleté et velouté ne sont qu'une modification de la peau , au moment où elle s'enfonce dans le sabot pour envelopper l'os du pied. Je ne puis qu'énoncer ici cette vérité anatomique, me réservant de la développer dans un mémoire que je prépare sur le mode d'accroissement et de régénération de la corne.

augmentée par la maladie. C'est guidé par ce raisonnement physiologique, et par l'observation d'accidens dus à de trop fortes compressions, que dans tous les javarts ou seimes que j'ai opérés depuis quatre ans, je n'ai exercé sur le tissu feuilleté qu'une très-légère compression, toutes les fois qu'il n'avait pas été endommagé. Les succès que j'ai obtenus de cette conduite, m'ont entièrement convaincu de la justesse de mes observations.

Afin de faire partager ma conviction aux élèves qui suivaient le cours de chirurgie, j'ai fait en 1828 quelques expériences dont les résultats ont été tels que je les avais prévus.

Sur un cheval morveux confié aux soins de l'élève Huin, j'enlevai tout le quartier interne du membre antérieur droit, avec l'attention de ne point blesser le tissu podophylleux; je n'appliquai sur la plaie qu'un seul plumasseau très-souple de l'épaisseur de la main, que je soutins à peine avec quelques tours de bande; une enveloppe de toile destinée à empêcher cet appareil de tomber, fut maintenue par une ligature qui la fixait au-dessus du canon seulement, de manière à ce qu'aucune compression ne pût avoir lieu sur la plaie. Le sang coula pendant près de trois quarts d'heure de moins en moins abondamment; l'animal en perdit à peu près sept à huit livres. Quatre jours après, je visitai la plaie : il n'y avait par-dessus que quelques faibles caillots de sang desséché et peu adhérent ; le tissu feuilleté, légèrement soulevé dans toute son étendue, était entièrement recouvert d'une couche d'un jaune pâle, granuleuse, et encore tellement mince, qu'elle laissait apercevoir la teinte rouge bleuâtre du tissu qu'elle revêtait ; l'animal souffrait peu ; pansement semblable au premier. Au bout de cinq jours, nouvelle visite : la couche cornée est plus jaune, plus épaisse, et recouvre toute la plaie ; on ne distingue plus la texture feuilletée de la partie. Au dernier pansement que je fis quatre jours après, toute la surface s'était affaissée ; il n'y avait plus de soulèvement apparent, et la corne de cicatrice présentait une certaine résistance : je la fis recouvrir d'onguent de pied, et la laissai désormais exposée à l'air. L'animal ne boita un peu que jusqu'au deuxième pansement. Je répétai la même expérience sur le quartier externe du membre postérieur droit d'un cheval morveux surveillé par l'élève Chaignaud. Les pansemens furent faits de la même manière, et je remarquai tout-à-fait les mêmes phénomènes.

M. Bouley jeune, à qui je fis part de ces résultats, parut douter qu'ils fussent aussi heureux si j'enlevais une portion de la paroi en pince ;

parce que là, le tissu feuilleté, étranglé en quelque sorte par les deux lèvres de corne qui le comprimeraient latéralement, devrait avoir une tendance plus grande à se tuméfier. Dans le but d'éclaircir ces doutes qui me paraissaient fondés, j'extirpai la largeur de trois doigts de la muraille en pince, sur le pied postérieur gauche d'un cheval surveillé par l'élève Dubousquet : le tissu feuilleté fut scrupuleusement respecté ; un seul plumasseau bien mollet fut soutenu sur la plaie par une ligature très-lâche, et recouvert par une enveloppe de toile fixée au-dessus du boulet ; il ne s'écoula guère que cinq à six livres de sang. Au bout de trois jours, j'examinai la plaie : le soulèvement de toute la surface mise à nu, était plus prononcé que sur les sujets des précédentes expériences ; l'animal paraissait souffrir davantage ; du reste, il s'appuyait assez bien sur son pied ; la plaie, bien qu'un peu plombée, était généralement belle. Six jours plus tard, elle était sensiblement déprimée, quoique le pansement eût été fait avec la même mollesse que la première fois ; une couche mince de corne jaune et molle en recouvrait toute la surface. Quatorze jours après l'opération, on cessa d'envelopper le pied; l'animal ne boitait plus, et la corne de cicatrice avait assez de consistance pour rassurer contre tout accident ultérieur.

Certes, ces expériences sont assez concluantes pour démontrer l'inutilité d'une *forte* compression, toutes les fois que le tissu feuilleté n'a pas été enlevé en totalité ou en partie. Mais si ce tissu a été détruit dans un point de son étendue, il convient alors d'exercer une compression méthodique et concentrée sur le point endommagé, pour y prévenir le développement de bourgeons charnus qui pourraient y végéter avec d'autant plus de rapidité, que le tissu cellulaire sous-podophylleux est abondamment pourvu de vaisseaux. Une compression exacte dans ce cas est surtout nécessaire, quand l'endroit où le tissu est détruit avoisine la portion conservée de la paroi; car c'est là que les *cerises* sont le plus à craindre.

La plaie qui résulte de l'ablation du cartilage présente aussi des indications particulières sur lesquelles on a professé deux opinions diamétralement opposées : suivant les uns, on doit *toujours* chercher à obtenir la réunion par première intention de la peau avec les tissus sousjacents, et conséquemment ne jamais mettre de plumasseaux dans cette plaie; suivant les autres, il y aurait plus d'inconvéniens que d'avantages à tenter cette réunion immédiate, qui d'ailleurs ne serait pas toujours possible. M. d'Arboval, qui a longuement agité cette question, regarde comme peu fondées les objections faites par ces

derniers contre la réunion par première intention, et s'efforce de faire ressortir tous les inconvéniens de l'introduction des plumasseaux
sous la peau, d'où résultent, d'après cet auteur,
ces bourrelets plus ou moins gros qui donnent
naissance à de faux quartiers toujours difformes, et retardent singulièrement la guérison.
Il assure que depuis qu'il a cessé de mettre des
plumasseaux entre la face interne de la peau et
les tissus qu'elle recouvre, il a obtenu des guérisons beaucoup plus promptes, et qu'au bout de
trois semaines à un mois, terme moyen, on a
pu se servir *tout doucement* des chevaux opérés.
Il conseille donc de préférer la réunion par première intention, qu'on obtient en réappliquant
exactement la peau sur toute la surface mise à
nu, sans aucun corps intermédiaire, et en procédant ensuite au placement de l'appareil, de
manière à maintenir les deux surfaces comprimées convenablement l'une contre l'autre, dans
un contact exact et permanent. Il ajoute : « Une
» remarque que nous avons faite maintes fois, et
» que nous pouvons présenter comme certaine,
» c'est que ce premier appareil méthodiquement
» appliqué et laissé en place un temps suffisant,
» suffit pour guérir même la partie opérée recou-
» verte par l'ongle; *la cicatrice dépendant de*
» *la pousse d'une nouvelle corne, se faisant sans*

» *suppuration sensible et de même par première*
» *intention.* »

Je ne m'arrêterai pas à rechercher le sens probable de cette dernière phrase qui me paraît fort obscure (1); j'arrive de suite à la discussion du fait principal. On établit comme règle constante qu'il faut toujours chercher à obtenir la réunion par première intention, oubliant que rien n'est moins prouvé que la possibilité de ce mode de réunion dans le cas dont il s'agit. Je pense que ce n'est jamais ainsi que s'opère la cicatrisation après l'opération du javart; je suis fondé à croire, au contraire, qu'il se fait dans tous les cas une

(1) Il semblerait d'après ces derniers mots de M. d'Arboval, que, quel que soit l'état de la plaie sous-ongulée, elle ne suppure pas et se recouvre de corne, par cela seul qu'on n'a pas mis de plumasseaux sous la peau. C'est une grande erreur : car il serait difficile de concevoir comment la sécrétion cornée du tissu feuilleté peut être modifiée par la présence ou l'absence d'étoupes dans la plaie sous-cutanée. Quel que soit le mode de réunion qu'on cherche à obtenir, le tissu feuilleté se couvrira de corne sans suppurer, s'il n'a pas été préalablement altéré ; tandis que, s'il a été détruit en totalité ou en partie par le pus ou par l'opérateur, la suppuration précédera toujours la reproduction de corne. Et puis, qu'a voulu dire M. d'Arboval par ces mots : « La cicatrisation dépendant de la pousse d'une nouvelle corne, se faisant de même par première intention. » A-t-on jamais dit, par exemple, que la régénération sans suppuration de l'épiderme détruit, constituait une cicatrisation par première intention?

suppuration plus ou moins longue suivant l'état des parties. En effet, et en raisonnant d'abord, comment supposer que la réunion primitive, si difficile à obtenir sur les herbivores, puisse avoir lieu dans cette circonstance où une suppuration lente existe souvent depuis long-temps; où la peau est dure, lardacée, quelquefois traversée par une ou plusieurs fistules; où son adaptation exacte sur les tissus sous-jacens ne peut pas être aisément obtenue; où des débris cartilagineux qui devront être éliminés, existent presque toujours entre les surfaces; où des caillots de sang plus ou moins considérables forment une couche assez épaisse entre les parties qu'on prétend réunir? Evidemment la cicatrisation primitive ne peut s'effectuer, quoi qu'en ait dit M. d'Arboval, qui va jusqu'à assurer *qu'une sorte de fausse membrane se forme, s'organise entre les parties et les réunit entièrement.* Je demanderai à cet auteur s'il a quelquefois disséqué et aperçu la fausse membrane dont il parle ici, et s'il pourrait en démontrer l'existence?

Cette théorie sur la réunion par première intention de la peau avec les parties qu'elle recouvre, est tout-à-fait imaginaire; et l'observation démontre que la suppuration, qui n'a lieu dans la plaie sous-cornée que lorsque le tissu feuilleté a été un peu gravement lésé, a *constamment* lieu dans la plaie sous-cutanée ; qu'elle y est même nécessaire, pour entraîner avec elle les portions de tissu altéré qui n'ont pas été enlevées par l'opérateur. M. d'Arboval a reconnu lui-même que cette plaie suppurait, puisqu'en parlant des bourgeons cellulo-vasculaires qui s'y développent, il a dit : « Lorsqu'ils jouissent d'un degré convenable d'excitation, ils sont d'un rouge clair ; ils ne déterminent qu'un peu de douleur ; *la matière qui en découle est louable.* » Cependant le même auteur ajoute plus loin : « Nous avons plusieurs fois disposé notre appareil sans mettre de plumasseaux sous la peau ; sept ou huit jours après, nous l'avons levé, et nous avons trouvé la peau réunie sur tous les points avec les parties sous-jacentes. » Est-ce donc là une preuve irrécusable qu'il y a eu réunion par première intention ? Non sans doute : ce fait prouve seulement que les bourgeons cellulo-vasculaires se sont développés avec une grande rapidité, ce qui n'est rien moins qu'étonnant, dans une partie si abondamment pourvue de vaisseaux : mais ces bourgeons ont suppuré, comme on peut s'en convaincre en voyant le pus dont est empreint l'appareil, et comme l'a reconnu M. d'Arboval ; mais ils se sont développés du fond de la plaie vers les bords, comme j'ai pu le constater dans diverses expériences faites dans ce seul but, et comme le démontrent évidemment les deux faits suivans recueillis à la clinique de l'école d'Alfort, sur lesquels j'ai spécialement appelé l'attention des élèves.

Le 22 novembre 1827, j'opérai du javart cartilagineux un cheval de trait de huit ans, boiteux depuis deux mois. La capsule fut ouverte pendant l'opération; mais les feuillets restèrent intacts. Un petit tampon d'étoupe fut placé sur la blessure de la synoviale et recouvert par un plumasseau peu épais, qui s'étendait depuis le ligament latéral antérieur jusqu'au talon, et occupait la place du cartilage. La peau fut appliquée pardessus et maintenue par l'étoupade. Le 1er décembre, on reconnut à la levée de l'appareil que la peau était réunie sur tous les points avec les tissus sous-jacens. Le petit tampon et le plumasseau avaient été repoussés en dehors de la plaie, sans doute par le bourgeonnement rapide qui s'était effectué du fond de celle-ci vers son ouverture. Une certaine quantité de pus répandue sur la face interne de l'appareil, attestait qu'il y avait eu suppuration : or, elle ne pouvait s'être établie que dans la plaie sous-cutanée, puisque le tissu podophylleux, étant resté intact, n'avait pu suppurer, et était déjà recouvert de corne de cicatrice. (Ce cheval était surveillé par l'élève Collandre). Quatre mois après, un fait semblable a été fourni par un cheval opéré du javart aux hôpitaux de l'école, et surveillé par l'élève Prétot. Il y eut seulement cette différence, que sur ce dernier sujet, la synoviale ne fut pas ouverte, et que l'appareil ne fut levé que onze jours après l'opération. De même que dans l'observation précédente, la réunion de la peau était complète, et le plumasseau qu'on avait mis à la place du cartilage fut trouvé à la face interne de l'appareil, roulé sur lui-même dans le sens de sa largeur, et imprégné de pus. Le tissu feuilleté n'ayant pas été endommagé était déjà recouvert de corne.

Ces deux faits répondent suffisamment aux argumens qu'on pourrait tirer de la promptitude de la cicatrisation, en faveur de la réunion par première intention. Mais de ce que la réunion par première intention ne peut avoir lieu, je n'en infère pas qu'il faille *accumuler* des étoupes sous la peau ; je pense au contraire que c'est à cette pratique imprudente et déraisonnable que l'on doit attribuer ces gros bourrelets et ces quartiers difformes, si fréquens autrefois après l'opération du javart.

J'ai tenté aussi dans plusieurs circonstances qui me paraissaient favorables, de placer l'appareil sans mettre de plumasseaux sous la peau : je n'ai pas remarqué que cette méthode apportât aucun retard dans la cure; mais je n'ai pas remarqué non plus qu'elle la rendît plus prompte, malgré tous les soins que j'y apportai. On dit que des chevaux ont été en état de travailler *tout doucement* au bout de trois semaines ou un mois, après avoir été pansés par l'application immédiate de la peau, et l'on attribue à cette méthode ces heureux résultats. Je pourrais produire en assez grand nombre des exemples de succès au moins aussi prompts, obtenus par plusieurs vétérinaires qui ont bien voulu me faire part de leurs observations, et par moi-même dans ma pratique particulière, ou aux hôpitaux de l'École, bien que sur les sujets de ces exemples, des plumasseaux eussent été placés sous la peau. Il y a donc avantage égal entre les deux procédés, sous le rapport de la promptitude de la guérison; mais ce qui me détermine puissamment à préférer l'interposition d'un ou deux plumasseaux, surtout sous le bourrelet, c'est que, par ce moyen, on peut donner à cet organe la position et la direction qu'il a dans l'état normal; condition qu'on ne peut obtenir, quand il est refoulé avec la peau de la couronne dans l'espèce de cavité formée par l'enlèvement du cartilage. Or, le quartier qui descend du bourrelet est d'autant plus en rapport avec le reste du sabot, et d'autant moins défectueux par conséquent, que l'on a mieux conservé au bourrelet sa position et sa direction naturelles. C'est depuis que l'observation m'a convaincu de cette vérité importante, que je me suis surtout attaché, toutes les fois que j'ai opéré des javarts, à donner à l'appareil la disposition la plus convenable pour atteindre ce but. Aussi arrive-t-il rarement aujourd'hui, et sans des circonstances particulières, qu'aucun quartier défectueux se remarque après mes opérations : le sabot n'est nullement altéré dans sa forme ou dans son ensemble, à moins que le bourrelet n'ait été très-malade ou détruit plus ou moins complétement (1). Il est même une circonstance qui

(1) J'ai déposé au cabinet de l'École quelques pieds ayant appartenu à des chevaux abandonnés, qui m'ont fourni des sujets d'expérience. Ces pieds ont été enlevés cinq à six mois après avoir subi l'opération du javart, et on peut voir à leur inspection combien la corne est parfaitement régénérée depuis le bourrelet jusqu'à l'endroit où elle a fait avalure.

Il y a donc, selon moi, un avantage réel à mettre sous la peau du bourrelet une quantité d'étoupes suffisante, pour que, combinée avec l'épaisseur acquise de la peau, elle puisse représenter un peu moins du volume qu'avait le cartilage. Je dis un peu moins, parce que le léger gonflement qui résultera de l'inflammation complétera à peu près ce volume. Il est des cas où la peau du bourrelet est tellement épaissie, qu'on peut se dispenser de mettre des plumasseaux par-dessus; non pour obtenir la réunion par première intention, mais seulement pour ne pas augmenter le volume déjà trop considérable de la couronne.

nécessite impérieusement l'interposition de plumasseaux, au moins sous une partie de la peau : c'est lorsqu'il y a ossification, soit de la partie antérieure, soit seulement de la base du cartilage. Si dans ce cas on négligeait de remplir par quelques boulettes d'étoupes les excavations qui existent aux endroits où les portions non ossifiées ont été enlevées, il en résulterait que l'appareil placé par-dessus la peau et serré par les tours de bande, d'un côté la comprimerait sur la partie ossifiée, et causerait de très-vives douleurs ; de l'autre, l'enfoncerait dans les vides formés par l'ablation des points cartilagineux, et donnerait à la couronne une conformation tout-à-fait irrégulière.

Il n'est donc point déraisonnable, il est même rationnel de disposer convenablement quelques plumasseaux sous la peau qui recouvrait le cartilage : aussi n'est-ce pas sans quelqu'étonnement que j'ai lu dans le *Dictionnaire de Médecine et de Chirurgie vétérinaires*, qu'il n'y avait plus que quelques *routiniers* qui suivaient cette méthode. Je pourrais citer le nom d'un assez grand nombre de praticiens fort recommandables qui la suivent encore ; je me contenterai de dire que parmi eux se trouve M. Bouley jeune ; et que MM. Barthélemi aîné et Vatel l'ont successivement professée dans leurs cours :

on ne doit pas craindre de s'égarer, quand on est d'accord avec de pareils *routiniers*.

Après les détails dans lesquels j'ai cru devoir entrer pour établir les règles du pansement, il me reste à indiquer la manière de procéder suivant ces préceptes à l'application du premier appareil.

Je ne pense pas qu'il soit nécessaire, comme on l'a dit, de défaire la ligature du paturon avant de commencer le pansement, Je trouve au contraire de l'avantage à la laisser jusqu'à la fin, puisque par-là on évite le grave inconvénient d'être aveuglé par le sang qui inonde la plaie aussitôt qu'il peut reprendre son cours. On basait la nécessité de cette précaution sur ce motif, que le sang en pénétrant dans les tissus, les ramenait à leur volume naturel, et empêchait ainsi qu'on ne les comprimât au-delà du degré où il convient qu'ils le soient. Ces raisons seraient bonnes, si l'inconvénient qu'on redoute existait; mais comme il est de fait que le sang ne tarde pas à affluer dans les vaisseaux de la plaie, même après le pansement fait sans ôter la ligature, à moins qu'on n'ait comprimé tout exprès pour l'empêcher d'aborder; comme je n'ai connaissance d'aucun accident que l'on puisse attribuer à l'omission de ce précepte; comme je lis au contraire dans les excellentes considérations de M. Girard sur les maladies du pied en général, que ce n'est que lorsque l'appareil est fixé qu'on doit ôter la ligature du paturon ; je suis fondé à dire qu'il y a un avantage réel, et aucun inconvénient à ne rétablir la circulation qu'après la terminaison du pansement.

Lorsque le fer est appliqué, l'opérateur, qui a fait mettre à sa portée tous les objets dont il a prévu le besoin, nettoie la plaie du sang qui la recouvre, et procède à l'application de l'appareil dans l'ordre suivant : Il introduit d'abord un, deux ou trois plumasseaux sous la peau de la couronne, et les couche en long et à plat dans la place qu'occupait le cartilage (1). Il doit en mettre d'autant moins que la peau est plus épaisse, puisque son but doit être de représenter à peu près le volume ordinaire de la couronne, et de conserver au bourrelet la position et la direction qu'il a dans l'état normal. Quand il en juge la quantité suffisante, il couche sur la plaie sous-cornée un plumasseau mince qui en recouvre toute la surface ; et par-dessus celui-ci, il place en long à la partie antérieure, près de l'angle interne de la paroi conservée, un bourdonnet très-souple de la grosseur tout au plus d'une

_______________

(1) On n'a pas oublié qu'il est avantageux que ces plumasseaux soient imprégnés d'eau vineuse ou alcoolisée.

plume à écrire. Ce bourdonnet , s'étendant jusqu'à la sole par sa partie inférieure, ne doit point reposer sur le bourrelet à son extrémité supérieure , mais partir seulement de l'endroit où cet organe se termine (1). Si , en détruisant avec la rénette l'arête formée par le bord interne de la paroi , on a ménagé sous celle-ci une petite excavation longitudinale, c'est dans cette excavation , et conséquemment entre la paroi et les feuillets du pied, qu'on loge avec avantage le bourdonnet. Ensuite on étend le bourrelet, on le couche dans sa position naturelle sur l'étoupade sous-jacente , et pour le retenir dans cette position , on le re-

(1) La compression exercée par le bourdonnet sur le bourrelet y produirait, outre la douleur, un enfoncement, duquel résulterait sur la nouvelle paroi une dépression longitudinale (et non un cercle, comme on l'a dit) qui pourrait occasionner une boiterie après la guérison complète du javart.

L'utilité d'un bourdonnet à cet endroit se conçoit facilement ; l'irritation produite par l'opération , en appelant le sang en plus grande quantité sous le tissu feuilleté découvert , en occasionne le gonflement. La portion qui avoisine la corne conservée, étant ainsi tuméfiée , serait poussée contre l'angle interne de la paroi, et éprouverait des douleurs d'autant plus vives, que son tissu jouit d'une très-grande sensibilité. Il est donc nécessaire d'empêcher que la tuméfaction ne soit aussi forte à cet endroit ; c'est dans ce but qu'on y applique un bourdonnet dont la fermeté oppose une résistance suffisante au soulèvement du tissu feuilleté, et dont la forme ronde et la flexibilité rendent la pression moins douloureuse.

couvre de plumasseaux plus longs et moins mouillés que les premiers, et qui s'étendent depuis le
haut de la couronne jusqu'au bord plantaire du
tissu feuilleté. On les place d'abord à la partie
antérieure, et successivement à la partie postérieure de la plaie; on en dispose plusieurs couches
les unes au-dessus des autres, et toujours dans le
même ordre, en ayant soin que les plumasseaux
soient plus grands, plus épais, et moins humectés au fur et à mesure que l'on avance; on peut
même ne pas mouiller les derniers. On recouvre
le tout d'un plumasseau plus grand et plus large,
et on applique la ligature. L'épaisseur de l'étoupade est suffisante, quand on est certain que,
lorsqu'elle sera serrée au degré convenable par
la ligature, son niveau dépassera encore au moins
d'un pouce la surface extérieure du sabot; car,
s'il n'en était pas ainsi, s'il y avait trop peu
d'étoupe, il arriverait, lorsque l'appareil serait
affaissé par l'effet de la compression jusqu'au
niveau de la paroi, que la ligature, bornée par
cette dernière sur laquelle elle appuierait, ne
pourrait pas suivre l'étoupade ainsi dérobée à
son action, ne la maintiendrait que très imparfaitement, et ne permettrait pas à l'opérateur
de comprimer davantage les parties malades,
s'il le jugeait à propos.

Afin d'égaliser autant que possible la compression, l'opérateur doit procéder d'une main à l'application des plumasseaux, tandis que de l'autre il maintient ceux déjà placés, en même temps qu'il explore et sonde en quelque sorte la densité de l'appareil, afin de reconnaître les endroits où il présenterait plus de mollesse, et d'y placer de suite quelques boulettes. S'il arrivait pendant cette manœuvre que l'animal se livrât à des mouvemens capables de déranger l'appareil, il n'y a pas à hésiter un seul instant, il faut enlever le tout, et recommencer le pansement avec les mêmes précautions qu'auparavant. Si les mouvemens sont légers, et ne durent que peu d'instans, on peut, en appliquant les deux mains à la fois sur l'étoupade, empêcher qu'elle ne se déplace.

Pour faciliter l'application de la ligature, et être moins exposé, en la serrant, à blesser la peau ou à déranger l'appareil, il est avantageux de disposer celui-ci de telle manière qu'il soit également épais dans toute son étendue, et qu'il représente une forme à peu près cylindrique lorsqu'il est fixé. Si je fais cette recommandation, c'est que j'ai vu quelques vétérinaires lui donner une forme tout-à-fait hémisphérique, en accumulant l'étoupade sur le centre qui était ainsi le point le plus élevé, et en n'en laissant qu'une couche très-mince à toute la circonférence. Par cette disposition, les tours de bande qui passent à la partie supérieure, peuvent plus facilement glisser en haut, si on ne les serre pas suffisamment; et si on les serre assez pour les empêcher de couler, ou bien ils font descendre l'appareil qu'ils refoulent de haut en bas (1), ou bien ils font ressentir trop fortement leur action au bourrelet dont ils ne sont séparés que par une couche d'étoupes trop mince. Par la même raison, les tours inférieurs ne compriment pas à plat, et peuvent remonter l'appareil ou glisser en bas avec plus de facilité.

C'est ainsi qu'on dispose les plumasseaux, quand l'opération a été simple : mais il y a quelques autres précautions à prendre lorsqu'il existe des complications : je vais les indiquer très-succinctement. Si le bourrelet a été fendu pendant l'opération, on rapproche le plus possible les bords de l'incision, de manière à les mettre en contact dans toute leur étendue, et on prend bien garde de déranger ce contact en faisant le pansement. Les expériences que j'ai tentées à ce sujet m'ont démontré que les points de suture sont, dans ce cas, plus nuisibles qu'utiles. Une

_________

(1) On n'a pas à craindre ce premier inconvénient, quand, à l'exemple de plusieurs opérateurs, on soutient le pansement par une ou deux éclisses, fixées sous la sole du côté malade.

ou deux bandelettes agglutinatives convien-
draient mieux, si on était à même de s'en pro-
curer. On cherche, par ce moyen, à obtenir la
réunion par première intention des deux lèvres,
afin d'éviter une espèce de seime sur le nouveau
quartier : mais ce mode de réunion est généralement assez difficile à obtenir, surtout quand
la peau est dure et tuméfiée. Si le bourrelet a été
détruit partiellement, quelle qu'en soit la cause, il
n'y a pas de cicatrisation primitive à espérer ; on
ne peut que chercher à rendre moins étendue
l'altération de la paroi qui doit en résulter, en
ne laissant que le moins d'écartement possible
entre les deux bords de la solution de continuité.
Si la capsule a été ouverte, on applique immédiatement sur l'ouverture un petit tampon d'étoupe
légèrement humectée, assez large pour la recouvrir tout entière. On fait bien attention que
des filamens de ce tampon ne s'interposent pas
entre les bords de la blessure, et on place le
reste de l'appareil comme nous l'avons indiqué.
J'ai dit plus haut ce qu'on devait penser des
préparations médicamenteuses dont les anciens
hippiatres vantaient l'efficacité dans cette circonstance, et qu'emploient encore beaucoup
de praticiens. Quand l'articulation a été ouverte,
on doit reculer l'époque ordinaire du premier
pansement ; ou, si des raisons particulières

obligent à lever plus tôt l'appareil, on n'en enlève ( si on le peut sans inconvénient ) que la partie qui repose sur la plaie sous-cornée ; car il est extrêmement important de ne pas déranger les plumasseaux couchés sous le bourrelet, par lesquels est soutenu le tampon qui recouvre la capsule ; celle-ci, à cette époque, pouvant bien n'être encore qu'imparfaitement cicatrisée, lors surtout qu'elle a été largement ouverte, ou que l'écoulement de la synovie s'est manifesté avant l'opération.

La blessure du ligament latéral antérieur, que nous avons dit être dans tous les cas très-grave, ne présente, lors du pansement, aucune indication particulière.

La destruction d'une partie du tissu podophylleux par l'instrument tranchant, mérite ici la plus sérieuse attention. On se rappelle ce que j'ai dit plus haut sur l'inutilité, sur le danger même d'une compression forte, lorsque le tissu feuilleté n'a point été endommagé. Dans le cas contraire, qui est celui que nous supposons, comme du tissu cellulaire abondamment pourvu de vaisseaux a été mis à nu, il y a une tendance très-grande au bourgeonnement qu'il est nécessaire de prévenir, en exerçant une compression plus forte sur l'endroit où il est à craindre. C'est pourquoi on rend l'étoupade plus résistante et plus ferme, en accumulant un peu plus de plumasseaux sur le point lésé. Ce précepte doit être surtout observé, lorsque la destruction partielle du tissu a eu lieu vers la partie antérieure de la plaie ; car c'est auprès de la paroi que les bourgeonnemens offrent le plus de gravité.

Enfin, dans le cas où on aurait été obligé de pratiquer aussi la dessolure, on n'oubliera pas que le pansement indiqué à la suite de cette opération doit précéder celui du javart.

La ligature la plus avantageuse pour maintenir l'appareil, est du ruban de fil bis de 15 ou 18 lignes de largeur au moins. L'opérateur ordonne à un aide de la prendre par le milieu de sa longueur, et de l'appliquer sur le point de l'appareil correspondant à la partie supérieure du bourrelet, en en dirigeant les deux extrémités de manière que l'une d'elles vienne passer entre l'éponge du fer et le talon non malade, tandis que l'autre passe sur la partie antérieure du sabot qu'elle contourne, et rejoint la première en la croisant au-dessus de l'éponge. Pendant que l'aide serre ce premier tour, l'opérateur, les deux mains étendues et appuyées sur l'étoupade, empêche qu'elle ne soit refoulée en haut ou en bas par la compression exercée au centre. C'est par ce moyen, et principalement par l'application du premier tour de bande un peu au-dessus du bourrelet, qu'on prévient le changement de position que pourrait éprouver cet organe; changement fâcheux, non pas, comme on l'a dit, à cause de l'augmentation des douleurs locales qu'il produirait, mais bien à cause de la fausse direction que prendrait la surface sécrétante, et conséquemment la paroi qui doit en descendre. Il est donc bien important d'éviter ce dérangement, puisqu'il est vrai que ce n'est qu'avec beaucoup de peine qu'on parvient à redresser le bourrelet lorsqu'il a été remonté; l'épaississement considérable de la peau après l'opération, nécessitant pour cet effet une compression très-méthodique continuée pendant plusieurs pansemens. Lorsque le premier tour est assez serré pour qu'on n'ait pas à craindre le dérangement de l'appareil, l'opérateur confie une des extrémités de la ligature à l'aide qui la maintient et l'empêche de glisser; tandis que lui-même saisissant l'autre extrémité, la fait passer à la partie supérieure, puis à la partie inférieure de l'étoupade, afin de fixer celle-ci tout d'abord, et de prévenir son déplacement en haut ou en bas, dans le cas où l'animal viendrait à se livrer à de grands mouvemens. Il continue ensuite les circonvolutions autour du pied, en observant bien, 1° d'appliquer la ligature à plat, et de l'adapter sur l'appareil en la tenant toujours bien tendue d'une main, tandis qu'avec le plat du pouce de l'autre main qu'il passe à plusieurs reprises sur sa surface, il l'étend et la moule en quelque sorte sur les parties qu'elle recouvre; 2° de ne jamais faire prendre un point d'appui aux tours de bande ailleurs que sur le sabot ou l'éponge du fer ; l'expérience ayant appris que des accidens plus ou moins graves peuvent être la conséquence d'une pression exercée par la ligature sur la couronne, et notamment sur la partie molle des talons. C'est ainsi que Lafosse, M. Girard et M. d'Arboval s'accordent à recommander de ne pas faire passer le ruban sur cette dernière région, dans la crainte d'y déterminer par une pression trop forte la carie de l'autre cartilage. J'ai publié l'exemple d'un accident semblable, dans le numéro d'octobre 1827 du *Recueil de Médecine vétérinaire* ; et je sais que des faits de ce genre ont été observés par d'autres vétérinaires. Si la conformation du pied était telle qu'on ne pût éviter le passage de la bande sur ces parties, il serait prudent, lorsqu'on n'a pas à sa disposition de fer à crochet, de les préserver d'une pression immédiate par l'interposition de quelque peu d'étoupe.

Dans les pieds plats et évasés, dont la paroi est

très-oblique, il est extrêmement difficile de maintenir les tours de bande sur la partie antérieure du sabot; comme ils n'appuient sur la muraille que par leur bord inférieur, ils laissent un certain intervalle entre leur bord supérieur et la corne; ils font ce qu'on appelle des *godets*. C'est en vain qu'on multiplie *les renversés*, on ne peut empêcher la ligature de remonter vers la couronne, ce qui fatigue beaucoup cette région, et nuit singulièrement à la solidité du pansement. Il n'est qu'un moyen de prévenir ces inconvéniens sur de tels pieds, c'est de se servir des lames des deux clous de pince pour arrêter la ligature : on ne les coupe pas ou que très-peu après avoir broché; on les coude à moitié, et on passe les différens tours de ruban au-dessous de ces espèces de crochets qu'on rabat ensuite complétement. Le nœud qui arrête la ligature ne doit jamais se trouver du côté de la plaie; et si le ruban n'est plus assez long pour permettre de faire un nœud, on en fixe les deux *chefs* ou extrémités avec de fortes épingles.

L'appareil étant ainsi placé, on doit en explorer avec soin toutes les parties, pour s'assurer qu'il exerce une compression égale et suffisante sur tous les points, et en même temps qu'il a assez de souplesse pour fléchir sous la pression des doigts. Alors tout est terminé; on ôte la ligature du paturon, que l'on frictionne pendant quelques instans pour y rétablir la circulation ; on met une enveloppe de grosse toile par-dessus l'appareil ; on relève le malade avec précaution (1), et on le fait ensuite bouchonner et conduire à l'écurie sur une bonne litière. Il n'est pas rare de voir l'animal boiter sensiblement moins qu'avant l'opération ; il est même des chevaux qui ne boitent pour ainsi dire pas du tout, et chez lesquels la claudication est très-légère pendant toute la durée du traitement. Le plus ordinairement il n'en est point ainsi ; la boiterie devient excessive, et le pied ne pose pas à terre pendant plusieurs jours.

Quelquefois, immédiatement après l'opération, lorsque le cheval relevé cherche à appuyer sur le sol le pied malade, le boulet fléchit en avant, et la chute devient imminente à chaque pas que fait l'animal. Il marche comme certains chevaux auxquels on vient de pratiquer la névrotomie ; il semble qu'il n'ait plus le sentiment de son appui. J'ai cru pendant quelque temps que

(1) En mai 1827, j'ai vu aux hôpitaux de l'École un cheval qu'on venait d'opérer d'un clou de rue pénétrant au pied antérieur gauche, et qui en se relevant brusquement, posa un des pieds postérieurs sur l'éponge du fer fixé au pied malade, et arracha ainsi le fer et l'appareil. On avait négligé de lui mettre une enveloppe avant de le faire relever.

cet état pouvait être attribué à la blessure d'un des nerfs plantaires pendant l'opération ; mais il est plus vraisemblable qu'il est dû à l'engourdissement du membre, qui a été long-temps et fortement serré par la plate-longe et la ligature du paturon. Cette faiblesse n'est en effet que momentanée, et cesse bientôt d'elle - même, ou après quelques frictions sèches sur les parties qui ont été comprimées par les liens. Au bout de quelques instans, on voit le sang s'échapper de tous les points de l'appareil ; il coule pendant huit ou dix minutes en assez grande quantité ; mais bientôt un caillot se forme sur la plaie, et cette hémorragie s'arrête. Je ne sache pas qu'on ait jamais été obligé de recourir à des moyens particuliers pour la faire cesser.

Quelque peu irritable que soit le malade, il convient toujours de le tenir à la diète blanche les trois ou quatre premiers jours qui suivent l'opération, sauf à rendre ce régime plus substantiel, si la fièvre est légère et bientôt dissipée. Mais si les souffrances sont vives, si les symptômes de réaction générale sont très-intenses et se prolongent, non-seulement on continue la diète et on la rend plus sévère, mais on saigne une ou plusieurs fois l'animal, suivant son tempérament, l'état du pouls, des muqueuses apparentes et de la respiration ; on donne quelques lavemens, on fait des lotions adoucissantes ou calmantes sur la région du membre située au-dessus de l'appareil, et on applique par-dessus celui-ci un large cataplasme émollient qu'on renouvelle matin et soir. Quand les douleurs sont grandes, l'animal ne prend aucun appui sur le pied malade : si c'est un pied postérieur, il le tient toujours levé, et craint le moindre attouchement sur le sol ; de temps à autre il se manifeste dans le membre des mouvemens comme convulsifs d'élévation et d'abaissement qui attestent des élancemens dans la partie opérée : si c'est un pied antérieur, l'animal tient le membre malade demi-fléchi, l'épaule basse, la pince touchant à peine le sol ; tout le corps est rejeté sur l'autre membre qui peut devenir fourbu, pour peu que cette situation se prolonge : aussi, presque toujours dans ce cas, les animaux irritables restent-ils couchés sur le côté non malade, la tête étendue sur l'encolure, les lèvres crispées, la respiration haute et plaintive, donnant tous les signes d'une vive douleur. Il ne faut pas pourtant se hâter d'enlever ou de desserrer l'appareil, ce qui ne changerait rien à l'état du malade : les souffrances qu'il éprouve sont les conséquences nécessaires d'une opération aussi grave sur des parties vasculaires douées d'une très-grande sensibilité ; elles ne doivent

donc point étonner; seulement elles comman-
dent une surveillance plus attentive, un régime
plus sévère, et l'usage des moyens antiphlogis-
tiques que j'ai indiqués plus haut. S'il arrivait
cependant que le vétérinaire craignît avec quelque
fondement d'avoir trop serré l'appareil, il ne
saurait trop s'empresser de diminuer une compression dont les suites pourraient être fort
graves.

Cet état d'exaspération, quand il a lieu, dure
rarement au-delà de six à sept jours; le plus
souvent il cesse ou diminue sensiblement le
quatrième ou le cinquième jour. En général, il
est plus fréquent, plus intense et dure plus long-
temps, quand l'opération a été faite sur un membre antérieur, quand il y avait ossification du cartilage, ou quand on a été obligé de ruginer l'os
du pied. Ces accidens inflammatoires sont plus
rares et moins à craindre sur les pieds postérieurs; et parmi les nombreuses observations que
je dois à la complaisance de M. Vatel, il en est
une dont le sujet affecté d'un javart cartilagineux
au membre postérieur gauche, ne boita jamais
ni avant ni après l'opération.

Il est impossible de déterminer précisément
combien de temps doit s'écouler entre l'opération et la levée de l'appareil. L'abondance et la
qualité du pus, le degré d'élévation ou d'abais-

sement de la température atmosphérique, la nature des souffrances qu'éprouve l'animal, sont autant de circonstances qui hâtent ou retardent l'époque du premier pansement. Cependant, sans rien fixer à cet égard, on peut dire qu'il est toujours avantageux de la reculer le plus possible, quand les circonstances le permettent; lors, par exemple, que les souffrances locales et générales diminuent graduellement, et que le pus qui suinte par la partie supérieure de l'appareil est peu abondant et de bonne nature, ou même qu'on n'en aperçoit pas de trace. J'ai vu, ainsi que plusieurs vétérinaires, des chevaux sur lesquels, l'opération ayant été simple, il a suffi d'un seul pansement bien fait pour la conduire à parfaite guérison. Quand les ravages de la maladie ont nécessité de grands délabremens, il serait impossible, imprudent même d'attendre jusqu'à guérison; mais il est d'observation que dans ce cas encore, les plaies qui prennent une bonne direction ont un aspect d'autant plus satisfaisant, qu'on a été plus long-temps à lever le premier appareil : aussi ne saurais-je trop désapprouver l'habitude qu'ont encore beaucoup de vétérinaires, de croire que le premier pansement doit se faire de rigueur, et, quoi qu'il arrive, du troisième au cinquième jour. Le plus ordinairement, à cette époque, les douleurs lo-

cales encore très-vives sont nécessairement augmentées par les frottemens ou les pressions dont
s'accompagne le pansement; la suppuration n'é-
tant point encore établie, n'a pu détacher les
plumasseaux qui sont adhérens à la plaie encore
toute sanglante et de mauvais aspect. Dans ce
cas, de trois choses l'une : ou bien il faut se borner
à n'enlever que l'étoupade la plus extérieure sans
toucher à celle qui repose sur la plaie, et alors à
quoi bon lever l'appareil? ou bien on enlève tous
les plumasseaux en arrachant les plus profonds,
ce qui cause de vives douleurs et fait de nouveau
saigner la plaie; ou bien, pour faciliter leur enlèvement, on plonge la partie malade dans un
bain tiède, moyen presque toujours nuisible dans
les plaies du pied, et qu'à moins d'indications
particulières il importe toujours de ne pas employer.

Il est pourtant des cas où il y a moins d'inconvéniens à panser au bout d'un aussi bref
délai; c'est lorsque l'élévation de la température
et l'étendue des plaies ont déterminé une suppuration plus prompte, plus abondante, dont les
produits peuvent acquérir des caractères irritans.
Il en est d'autres, plus rares heureusement, où
un examen prématuré de la plaie est nécessaire;
c'est lorsque les douleurs de l'animal, loin de
s'apaiser, vont toujours croissant, et que, mal-

gré le traitement antiphlogistique le plus actif, la fièvre générale ne paraît pas s'amender : mais alors ce n'est point seulement pour faire un nouveau pansement qu'on enlève le premier, c'est pour rechercher les causes de ces douleurs si vives ; c'est pour y remédier, si on les trouve. Quoi qu'il en soit, c'est toujours une nécessité fâcheuse que d'être obligé de lever l'appareil avant l'établissement complet d'une suppuration louable.

Quand il ne survient pas d'accident, c'est du huitième au douzième jour qu'on doit procéder au premier pansement. On prépare et dispose d'avance tout ce qui est nécessaire à son exécution, afin de laisser la plaie moins long-temps à découvert. On place l'animal dans un lieu assez éclairé pour permettre de voir bien distinctement l'état des parties, et on enlève avec précaution et successivement les différentes couches dont se compose l'étoupade. Il est extrêmement rare, si toutefois cela est possible, qu'au bout de ce temps les plumasseaux soient encore adhérens à la surface de la plaie, dont ils sont complétement séparés par le pus ou la corne qui ont été sécrétés ; il est donc inutile de mettre alors le pied dans un bain comme le conseille M. d'Arboval.

A cette époque (1), quand le premier appareil a été bien disposé, la partie opérée se présente sous l'aspect suivant : toute la surface podo-phylleuse est recouverte d'une substance cornée molle, d'un jaune pâle, formant une couche encore très-mince ; la peau de la couronne, légè-rement tuméfiée, est réunie aux parties sous-jacentes ; on voit qu'à la surface sécrétante du bourrelet, a déjà été exsudée une couche peu épaisse de corne brunâtre encore sans consis-tance. Entre cette corne du bourrelet et celle du tissu podophylleux, se remarque une plaie d'un rose pâle ou vermeil, dont l'étendue est toujours en rapport avec la tuméfaction de la couronne : c'est par cette plaie qu'a lieu la suppuration, et c'est de sa cicatrisation que dépend la complète guérison. Cet aspect de la plaie est le plus satis-faisant possible, et quand il se présente, il suffit d'un ou deux pansemens à huit ou dix jours d'in-tervalle, pour terminer la cure.

D'après ce qui précède, on conçoit que si, par une mauvaise disposition de l'appareil, ou lors de l'application de la ligature, le bourrelet a été refoulé en haut, la plaie dont je viens de parler

(1) Je suppose toujours que l'opération était simple, et que le tissu feuilleté ainsi que le bourrelet ont été conservés dans une intégrité parfaite.

est plus grande et la couronne plus tuméfiée; il faut alors disposer la nouvelle étoupade de manière à ramener le bourrelet en bas, et à le replacer dans sa véritable situation. On y parviendra plus facilement, en concentrant la compression sur la partie saillante de la couronne, où on serrera les tours de bande un peu plus fort que sur le reste de l'appareil, qui n'a pas besoin d'être serré, mais seulement d'être maintenu. Dans les deux cas précédens, quand la plaie qui sépare les productions cornées du bourrelet et du tissu feuilleté est de belle apparence, il suffit d'enlever légèrement avec une boulette d'étoupe bien molle la petite quantité de pus qui la recouvre, et de faire le pansement à sec ou avec de l'alcool, ou du vin très-étendus. On augmenterait avec avantage la portion de vin ou d'alcool, on pourrait aussi employer la teinture d'aloès affaiblie, si les bourgeons étaient pâles et blafards, comme on le remarque presque toujours sur les gros chevaux lymphatiques.

Quand une certaine quantité de tissu podophylleux a été détruite, la plaie suppurante est beaucoup plus étendue, et il n'existe de couche cornée que là où ce tissu a été conservé intact : de sorte que, si les feuillets ont été entamés en plusieurs endroits très-circonscrits, on voit autant de petites plaies qu'il y a eu d'entamures, et que ces petites plaies sont isolées les unes des autres, et entourées par des productions de corne qui recouvrent les portions podophylleuses qui ont été respectées. Ces plaies sont belles et ne font point d'exubérances, si la compression a été méthodiquement faite. Il faut donc, dans les pansemens suivans, la continuer de la même manière sur les points non encore recouverts de corne ; et ~~à mesure~~ que le ~~tissu feuilleté~~ se régénérera (ce qui a toujours lieu de la circonférence au centre), chaque plaie diminuera d'étendue, et au bout de peu de temps, la cicatrisation complète aura lieu. Il est inutile de dire que cette cicatrisation s'opérera d'autant plus vite que les plaies seront moins étendues, et que le tissu feuilleté aura été blessé moins profondément. Aussi est-elle généralement fort longue, lorsque l'os du pied a été intéressé (1).

Enfin, si toute la portion de tissu podo-

---

(1) Cela se conçoit aisément, quand on réfléchit aux connexions organiques qui enchaînent et lient entre eux ces différens tissus; connexions telles, qu'en les examinant de l'extérieur à l'intérieur, il devient évident qu'ils sont la conséquence les uns des autres : c'est ainsi que la corne du tissu podophylleux ne peut se reproduire, si ce tissu n'existe pas; celui-ci, s'il n'y a pas de tissu réticulaire, et ce dernier si l'os du pied, duquel émanent en grande partie les vaisseaux qui le constituent, a été détruit.

phyllieux mise à découvert par l'enlèvement de la paroi, a été détruite, toute la surface que laisse à nu la levée du premier appareil au bout de huit à dix jours, ne forme qu'une seule plaie plus ou moins égale et rouge, qui suppure abondamment : c'est surtout alors qu'il est important de ne pas laisser long-temps la plaie au contact de l'air, et d'apporter la plus grande attention dans l'exécution du pansement ; car c'est dans ee cas qu'on a le plus à craindre que les chairs ne surmontent, et que la moindre inégalité dans la compression ne permette le développement trop considérable de quelques bourgeons charnus. La plaie étant plus grande, la guérison est nécessairement plus longue que dans les cas précédens, et de même que dans ceux-ci, c'est de la circonférence au centre que les tissus se régénèrent. Les parties de cette plaie qu'il faut surveiller plus spécialement, sont celles qui avoisinent ou qui touchent les portions conservées du sabot ; car c'est là que les bourgeonnemens seraient plus douloureux et plus difficiles à combattre. Comme la sécrétion du pus est très-abondante à cause de l'étendue de la surface suppurante, il est nécessaire de rapprocher davantage les pansemens qui suivent ; sans cette précaution, la corne qui commence à descendre du bourrelet, et celle qui se forme successivement sur les parties régénérées de la circonférence, s'altèrent et se ramollissent par l'espèce de macération qu'elles éprouvent au milieu du produit de la suppuration ; c'est une remarque que j'ai été à même de faire plusieurs fois.

Il est deux ordres d'accidens également graves qui peuvent se montrer dans le cours du traitement, retarder l'époque de la guérison ou la rendre moins parfaite : ce sont les *fistules* et les *caries*.

Je ne pense pas que les fistules qui se manifestent après l'opération du javart puissent jamais être, comme on l'a dit, la conséquence immédiate d'une compression mal faite. Elles sont constamment produites et entretenues, 1.º par une nouvelle carie développée sur des portions restées de la base du cartilage, quand on ne l'a pas enlevé complétement ; 2.º par des parcelles cartilagineuses non cariées, mais qui, n'étant plus continues à l'os du pied, sont de véritables corps étrangers qui doivent être éliminés ; 3.º par la carie ou l'exfoliation d'une portion de l'os du pied ; 4.º par la continuation de l'écoulement synovial, quand la capsule a été ouverte. Telles sont les quatre causes principales et les plus ordinaires des fistules. Celles-ci ne se reconnaissent pas toujours au premier ou deuxième pansement ; la persistance de la boiterie n'en est pas non plus un effet nécessaire, quoiqu'il en soit ainsi le plus souvent. On peut soupçonner l'existence d'une fistule, quand on aperçoit à la surface de la plaie, qui peut être belle du reste, un bourgeon un peu plus saillant, plus large, plus pâle et plus mollasse que les autres; si on explore avec une sonde la périphérie de ce bourgeon, on pénètre dans un conduit de profondeur variable, duquel s'échappe ordinairement un peu de pus quand on retire l'instrument.

Si ce sont des exfoliations cartilagineuses ou osseuses qui tendent à s'échapper par cette voie, on débride avec un instrument tranchant pour faciliter leur sortie que l'on peut hâter, en arrachant avec des pinces ces portions mortifiées, si elles ne sont plus que faiblement adhérentes; pour peu qu'elles offrent de résistance, on doit attendre que leur séparation s'effectue naturellement; et afin que le trajet fistuleux qu'on a débridé ne se rétrécisse pas, on y introduit un petit plumasseau en forme de tente. Si c'est la carie d'une portion restée du cartilage qui entretient la fistule, ce qu'annonce la couleur verdâtre de son fond, il faut pénétrer jusqu'à cette portion et l'exciser le plus tôt possible; l'introduction d'une petite boule de sublimé corrosif sur le point carié a quelquefois produit d'heureux effets dans cette circonstance. Si c'est une carie de l'os, on la reconnaît à la couleur et à l'odeur du pus, au siége de la fistule et à la sensation que fait éprouver la sonde, quand elle porte sur le point malade : il faut découvrir et ruginer le siége de la carie, ou bien si le malade est peu irritable ; on touche le point malade avec la pointe d'un cautère étroit et chauffé au rouge vif. Enfin, on reconnaît que la fistule est due à l'ouverture persistante de l'articulation, quand, en enlevant les derniers plumasseaux, on trouve à son orifice extérieur des flocons blanchâtres de synovie concrétée. Dans ce cas, qui heureusement est un des plus rares, la boiterie est excessive, et l'écoulement synovial abondant : si déjà douze ou quinze jours se sont écoulés depuis l'opération, il est bien à craindre que le mal ne soit incurable ; il se pourrait faire pourtant que l'occlusion long-temps prolongée de la fistule par un petit tampon d'étoupe, fût suivie d'un résultat heureux. Les Anglais conseillent l'emploi du cautère actuel sur l'ouverture de la fistule ; c'est une méthode que je n'ai point eu occasion d'essayer en pareille circonstance, et qui, je crois, ne devrait être mise en usage que comme dernière ressource. L'emploi des teintures résineuses et d'une légère compression me paraît moins dangereux et compte quelques succès dans le cas, de plaies articulaires. Si, au bout d'un mois, on reconnaissait que la synovie coulât encore avec la même abondance, que les parties environnantes fussent tendues, douloureuses, que l'animal n'appuyât pas sur son membre, il faudrait, à moins de considérations particulières, en faire le sacrifice; car la guérison, en supposant qu'elle fût possible, serait certainement fort longue et très-imparfaite.

On désigne sous le nom de *cerises*, de petites excroissances charnues très-vasculaires, de forme hémisphérique, qui s'élèvent sur un ou plusieurs points d'une plaie, et que leur surface lisse, d'un rouge ordinairement vif, a fait comparer au fruit dont elles portent le nom. Après l'opération du javart, les cerises ne se développent que là où le tissu feuilleté a été détruit, et alors elles dépendent de l'inégalité de la compression, ou de quelque autre cause produite et entretenue par des pansemens mal faits. Quand elles sont récentes, peu élevées et non entourées ou avoisinées par de la corne, il suffit le plus souvent, pour les faire disparaître, d'exercer sur elles une compression un peu forte pendant un ou deux pansemens. Elles sont plus rebelles si elles existent depuis plus de six à sept jours, et si elles sont déjà circonscrites par des portions de nouvelle corne qui semblent en étrangler la base. Elles sont surtout douloureuses et difficiles à guérir, quand elles se développent à la partie antérieure de la plaie, et qu'elles touchent la paroi conservée. Lorsqu'elles sont récentes, peu élevées, à base large, on devra toujours en tenter la guérison par la compression pure et simple ; si celle-ci est inefficace, on aura recours, suivant les cas, aux cautères actuel ou potentiel, ou à l'instrument tranchant.

Les escarrotiques les plus usités, tels que l'onguent égyptiac, la poudre d'alun, la poudre du frère Côme, l'acétate de cuivre pulvérisé, etc., ne sont efficaces que lorsque les cerises ont peu d'élévation ; quand elles sont volumineuses et entourées de corne à leur base, on emploie avec plus d'avantage la poudre de sublimé corrosif, dont on recouvre un petit plumasseau qu'on applique sur l'excroissance. Celle-ci, promptement convertie en une escarre épaisse et dure, tombe au bout de 6 à 8 jours : il en résulte une petite plaie qu'on empêche de bourgeonner de nouveau, en amincissant bien les couches cornées qui l'avoisinent : on panse avec des plumasseaux recouverts d'onguent égyptiac affaibli, ou de tout autre dessiccatif, et on exerce une légère compression. La destruction par le sublimé, non-seulement de l'excroissance charnue, mais encore des tissus qui lui donnent naissance, est cause que ces petites plaies sont souvent assez long-temps à se cicatriser et à se recouvrir de corne.

J'ai dit que les cerises qui se développaient au voisinage ou sous l'angle de la paroi, étaient plus graves que les autres ; la raison en est, d'un côté, dans le contact douloureux de leur sommet avec la corne toujours très-dure de la muraille, qui ajoute à l'irritation dont elles sont le produit ; de l'autre, dans l'activité que donne à leur accroissement l'étranglement qu'exerce à leur base l'angle interne de cette muraille. Aussi, quand elles ont leur siége sur ces parties de la plaie, voit-on souvent échouer l'emploi des caustiques, du cautère actuel, de l'excision même ; et est-on obligé d'extraire la portion de paroi qui comprime et étrangle la base de la cerise. J'ai vu plusieurs fois de ces sortes de végétations qui avaient résisté long-temps à l'application réitérée des caustiques et du feu, disparaître en quelques jours par l'extraction de la portion de paroi qui les avoisinait.

Presque toujours les côtés de la sole et de la fourchette qui correspondent au quartier malade, sont soulevés par un liquide puriforme très-fétide ; cela se remarque surtout, quand la suppuration est abondante et que l'animal souffre beaucoup. On dit alors que le cheval *fait sole neuve* ou *fourchette neuve*, parce qu'en dessous des portions de corne soulevées, se forme une nouvelle corne dont on doit faciliter la pousse,

en enlevant celle que le pus a déjà détachée.
D'autres fois, la fourchette ne se détache pas ;
mais en macérant long-temps dans le pus qui
séjourne autour d'elle, elle se ramollit, s'altère,
*s'échauffe*. Il suffit de la bien déterger à chaque
pansement, et d'introduire dans son *vide* et ses
commissures un plumasseau imbibé d'eau vi-
naigrée, ou dans laquelle on aura délayé un
peu d'onguent égyptiac. On doit avoir soin aussi,
à chaque pansement, de nettoyer la peau de la
couronne du pus qui salit les poils, s'y amasse,
s'y concrète, et en se desséchant y détermine
du prurit. C'est une précaution qu'on néglige
peut-être trop souvent, car l'animal excité par
la démangeaison qu'il éprouve, cherche à se
gratter avec ses dents ou le pied opposé au
malade, et peut ainsi déranger ou faire tomber
l'appareil. Je pourrais en citer plus d'un exemple.

La guérison à la suite de l'opération du javart
est ordinairement assez prompte, quand celle-ci
a été simple, bien faite, et que les pansemens
ont été exécutés avec discernement et méthode.
Mais elle peut être plus ou moins retardée,
même après l'accomplissement de ces conditions, par des maladies indépendantes de l'opération, qui existaient avant, ou qui se sont
développées après qu'elle a été pratiquée. La
plupart des vétérinaires s'accordent à regarder

comme des conditions fâcheuses, et qui peuvent rendre la guérison, sinon impossible, au moins tardive ou incomplète, la concomitance d'affections d'un caractère farcineux ou morveux, des eaux aux jambes, etc.; en général, des maladies qui paraissaient inhérentes à la constitution de l'individu. M. le professeur Moiroud m'a assuré qu'il avait vu plusieurs chevaux farcineux, chez lesquels la plaie résultant de l'opération du javart avait long-temps conservé l'aspect des plaies dites farcineuses. Il paraîtrait pourtant que la morve, quand elle existe seule, n'a pas une influence aussi sensible sur l'état des parties opérées : en effet, la plupart des chevaux qui ont servi à mes expériences étaient morveux; sur presque tous j'ai fait l'extraction du cartilage, et je n'ai pas remarqué que la cicatrisation fût plus lente, et la pousse de la corne moins rapide que sur les chevaux non affectés de cette maladie. Au reste, cette dernière question est assez peu importante pour nous, car il faudrait des raisons toutes particulières pour qu'on se décidât à opérer un cheval morveux.

Une observation plus constante, c'est que l'existence des eaux aux jambes, notamment sur le membre opéré, rend la guérison souvent difficile, et dans presque tous les cas très-longue: soit que la plaie prenne un mauvais caractère, par suite d'un vice inhérent à la constitution du sujet; soit que l'écoulement abondant de la matière des eaux aux jambes, en pénétrant sous l'appareil, arrive jusqu'aux parties vives, et y produise une irritation spéciale qui en retarde ou en empêche la cicatrisation. Je dois à M. Bouley jeune la communication de quelques faits fort intéressans sous ce rapport. Trois chevaux affectés de carie du cartilage et en même temps d'eaux aux jambes, furent opérés par ce vétérinaire. Sur chacun d'eux le crapaud se manifesta aux pieds opérés, après six ou huit mois d'un traitement infructueux, et malgré les soins les plus appropriés à l'état des parties. L'opération a été tentée dans des cas semblables avec des résultats tout-à-fait différens, par M. Sanitas, de Long-Jumeau, qui a bien voulu m'envoyer quelques notes à ce sujet. M. Sanitas ayant enlevé le cartilage sur quatre chevaux affectés d'eaux aux jambes au membre malade, ces animaux guérirent parfaitement des suites de l'opération, au bout d'un temps assez court. Une circonstance fort singulière dans les observations de M. Sanitas, c'est que les eaux aux jambes, bien qu'accompagnées de fics énormes chez un des chevaux, diminuèrent au fur et à mesure que les plaies du pied allaient mieux, et finirent par disparaître entièrement. Je cite ces derniers faits plutôt comme très-curieux, que comme devant servir de base de conduite aux vétérinaires : je pense, au contraire, que ce n'est qu'avec la plus grande circonspection qu'on doit se hasarder à opérer des animaux affectés d'eaux aux jambes, surtout quand elles son anciennes et étendues, et qu'elles existent sur le membre malade.

Les phlegmasies viscérales aiguës ne paraissent pas entraver la marche de la cicatrisation. Trois chevaux amenés aux hôpitaux de l'École pendant l'été de 1825, pour y être traités du javart cartilagineux, furent atteints après l'opération et pendant le traitement, de l'entérite épizootique qui régnait alors ; on ne remarqua pas que cette maladie, dont la durée fut de dix-sept jours chez l'un d'eux, ait retardé la guérison de la plaie du pied, qui était tout-à-fait recouverte de corne au bout de trente-quatre jours.

L'époque à laquelle on peut faire travailler le cheval après l'opération, varie suivant une foule de circonstances dont je n'ai pu faire connaître que les principales. Il est des chevaux qui ont pu travailler au bout de dix-huit à vingt jours ; d'autres ont été cinq à six mois avant d'être en état de rendre le moindre service. M. d'Arboval assure que les chevaux opérés par lui, l'appareil disposé de manière à obtenir la réunion par première intention, ont été en état de travailler *tout dou-cement*, les uns au bout de vingt-et-un à vingt-deux jours, les autres au bout de vingt-cinq à trente ; tandis qu'en cherchant à obtenir la réunion par seconde intention, *on est très-heureux* si l'on peut se servir de l'animal au bout de six semaines. J'ai donc été souvent plus que très-heureux ; car je puis assurer de mon côté, que la plupart des chevaux que j'ai opérés par le procédé que blâme M. d'Arboval, ont pu labourer du vingt-cinquième au trentième jour, et que quelques-uns même ont fait le service de poste et de diligence du deuxième au troisième mois. Les exemples de ce genre sont trop multipliés, et ils m'ont été fournis par un trop grand nombre de vétérinaires, pour que je croie devoir les rapporter ici. Je citerai seulement un de ceux qui m'ont été communiqués par M. Rossignol, médecin-vétérinaire à Paris : le cheval qui l'a fourni fut opéré du javart cartilagineux le 11 octobre 1827 ; des plumasseaux furent introduits sous la peau de la couronne ; et le 1er novembre, vingt-un jours après, le cheval était ferré, ne boitait presque plus, et travaillait *sur le pavé* à la voiture d'un gravatier.

On ne doit pas attendre, pour se servir de l'animal, que la plaie soit entièrement cicatrisée et recouverte de corne. Aussitôt qu'il ne boite plus, ou que très-peu, et qu'en même temps la plaie peu étendue est de belle apparence *et* marche à une bonne cicatrisation, on peut l'employer à un travail léger sur un terrain doux et meuble, au labour ou à la herse, par exemple. Dans les circonstances ordinaires, cet état de l'animal se remarque du vingt-cinquième au trente-cinquième jour. Pour les chevaux qui travaillent au pas sur le pavé, on doit attendre du trente-cinquième au quarante-cinquième jour; et pour ceux qui courent, il est nécessaire que la plaie soit entièrement recouverte de corne, et que la claudication ne soit plus ou que très-peu apercevable.

Avant de faire travailler l'animal, il est indispensable de ferrer le pied malade d'une manière convenable au service qu'il va faire, et au maintien de l'appareil qui devra être renouvelé, jusqu'à ce que la corne partout régénérée, ait acquis quelque consistance. A cet effet, si la fourchette est assez forte, on se sert d'un fer à planche un peu plus long que le fer à planche ordinaire, dont la branche correspondant au côté malade est plus large, et porte sur la rive externe en talon un pinçon de cinq à six lignes de hauteur, et d'une longueur égale à celle de la portion de muraille qu'on a enlevée. Ce pinçon est percé dans son épaisseur, de sept à huit petits trous

au moyen desquels on fixe sur cette branche
du fer une bottine en cuir qui entoure le sabot qu'elle embrasse exactement, et sur lequel
elle est adaptée et serrée par des courroies à
boucles, ou des lanières. Cette bottine ainsi appliquée sur l'étoupade, la soutient pendant le
travail, la garantit du choc ou du frottement
immédiat des corps durs qui pourraient la déranger ou occasionner sa chute, et ne permet
pas à l'humidité ou à la boue de pénétrer jusqu'à
la plaie. On panse celle-ci tous les cinq à six
jours, jusqu'à parfaite cicatrisation, soit avec
des plumasseaux secs, soit avec un peu d'onguent égyptiac affaibli, pour en accélerer la des-
siccation : il est bien entendu, dans ce dernier
cas, qu'on ne met de dessiccatif que sur la plaie ;
tandis qu'au contraire on entretient la souplesse
de la corne nouvellement formée, par des
corps gras ou de l'onguent de pied dont on couvre
tout le sabot. Lorsqu'il n'y a plus de plaie, l'appareil devient inutile. Il n'y a plus qu'à enlever
avec la rénette, la feuille de sauge ou la râpe,
les exubérances de corne qui déforment le
sabot, et à recommander au propriétaire l'usage
fréquent de corps gras sur l'ongle de nouvelle
formation.

Jusqu'à ce que la corne sécrétée par le hur-
relet ait complété son *avalure*, ou, en d'autres

termes, jusqu'à ce qu'elle soit parvenue au niveau de la sole, il y a ce qu'on appelle un *faux quartier*. En effet, la corne qui existe alors en quartier et en talon du côté opéré, ne constitue pas la véritable paroi; elle n'est en quelque sorte qu'une paroi provisoire sécrétée par le tissu feuilleté, et la corne qui la constitue n'est, pour me servir d'une expression fort juste de Girard fils, qu'une *corne de cicatrice*. Jaunâtre dans le principe de sa formation, elle devient d'un jaune brunâtre avec le temps, mais elle ne prend jamais la couleur de la corne du bourrelet. Elle est alors inégale, dure, sèche et cassante; aussi est-il impossible d'y implanter des clous pour fixer le fer. Au fur et à mesure que la véritable paroi descend, elle chasse vers le bord inférieur la corne de cicatrice, qui a complétement disparu quand l'avalure est terminée, au bout de six à huit mois. A cette époque, le sabot a repris sa forme première, si le bourrelet n'a pas été endommagé; et après le dixième mois, il serait difficile de distinguer sur quel pied l'opération a été pratiquée, quand les pansemens ont été faits d'une manière convenable; car, je ne saurais trop le répéter, c'est du plus ou moins de méthode qui préside aux pansemens, que dépend le degré d'apparence des suites de l'opération sur le sabot. Cependant, quelque précaution que l'on prenne, il est impossible d'éviter la formation d'un *cercle* qui s'étend sur toute la circonférence du sabot. Ce renflement circulaire de la corne de la muraille apparaît immédiatement au-dessous de la couronne, quinze jours ou trois semaines après l'opération; il est beaucoup plus prononcé au voisinage de la partie opérée, et la saillie qu'il forme va en diminuant au fur et à mesure qu'elle s'en éloigne; de sorte que, dans les cas ordinaires, elle est à peine apercevable sur le quartier opposé à celui qui a été enlevé. Toutes circonstances égales d'ailleurs, ce cercle est d'autant plus saillant que l'animal souffre ou a souffert davantage. Son avalure se fait en même temps que celle du nouveau quartier.

Le bord inférieur du nouveau quartier qui descend du bourrelet, est toujours isolé dans une étendue de plusieurs lignes, de la corne que sécrète en dessous le tissu podophylleux. Il est utile de détruire cette lèvre de corne avec l'instrument tranchant ou la râpe, jusqu'à l'endroit où les deux cornes se confondent. Cette précaution n'a pas seulement l'avantage de donner au sabot une forme plus régulière, elle évite aussi les éclats qui pourraient avoir lieu sur cette corne excessivement sèche et cassante, et prévient l'introduction et le séjour de corps étrangers dans l'excavation qui résulte de cet écartement des deux cornes du bourrelet et du tissu feuilleté. Quand l'avalure est complète, on peut cesser la ferrure à planche, et mettre sous le pied un fer ordinaire.

Lorsque le bourrelet a été fendu pendant l'opération, si la réunion par première intention n'a pas été obtenue entre les deux lèvres de l'incision, il s'ensuit une fissure sur la muraille qui descend de cette portion du bourrelet. Mais cette espèce de seime n'est presque jamais complète; elle intéresse rarement toute l'épaisseur de la paroi jusqu'au tissu feuilleté; et sa profondeur est ordinairement bornée par la couche de corne blanche dont est formée la face interne de la muraille. Aussi cet accident n'est-il défectueux qu'à la vue, et l'animal n'en boite-t-il pas sensiblement, à moins qu'il ne se forme au-dessous un *kéraphyllocèle* (1), ou que, par l'effet de circonstances particulières, la seime ne vienne à se compléter. C'est pour éviter ce dernier effet, qu'on doit avoir soin de renouveler

(1) C'est le nom donné par M. Vatel à des tumeurs cornées, espèce de colonnes longitudinales qui se développent à la face interne de la paroi, compriment le tissu feuilleté, et font beaucoup souffrir le cheval qui en est affecté. Il y a des kéraphyllocèles avec et sans fissure extérieure ; ces derniers sont assez rares ; tandis qu'il y a très-peu de fissures complètes qui ne soient accompagnées de kéraphyllocèles.

souvent l'application des corps gras sur ces fissures et dans leur fond.

Si le bourrelet a été détruit dans toute son
étendue, il n'en descend plus de corne, et il
y aura à jamais un faux quartier formé entièrement par la corne du tissu podophylleux : or,
comme il est impossible de fixer des clous dans
celle-ci, il en résulte qu'on devra toujours ferrer
l'animal avec un fer à planche, ou à branche cou-
verte et dépourvue d'étampures sur ce côté : c'est
surtout dans ce dernier cas qu'il est nécessaire
d'avoir souvent recours à des onctions d'onguent
de pied, d'axonge, de cambouis, etc. Il est rare
qu'après un accident semblable qui déforme
toujours sensiblement le sabot, l'animal ne boite
pas fort long-temps, lors surtout qu'il est destiné
à travailler sur le pavé.

L'engorgement de la couronne du côté opéré
peut survenir et persister, à la suite de l'opération du javart. Le plus souvent, cette tumeur
est la conséquence de la trop grande quantité
de plumasseaux qu'on a entassés sous le bourrelet. Quelquefois elle résulte du refoulement
en haut de cet organe, lors de l'application du
premier appareil. Elle peut aussi dépendre de
l'exécution peu méthodique des pansemens qui
suivent, ou de l'irritation long-temps entretenue
par une fistule. Quoi qu'il en soit, c'est une suite

qui peut être très-fâcheuse, non-seulement parce qu'elle déforme singulièrement la région où elle survient, mais, et surtout, parce que de cette tuméfaction résulte une obliquité plus grande de la surface sécrétante du bourrelet, et conséquemment une tendance inévitable de la muraille qui en provient à se resserrer. Il est donc bien important d'écarter avec le plus grand soin toutes les causes qui peuvent produire cet engorgement de la couronne, et de se hâter de le combattre lorsqu'il est survenu. Les préparations dites *fondantes* et l'application du feu, sont les moyens auxquels il convient d'avoir recours en pareil cas.

L'engorgement chronique des rayons inférieurs et l'amaigrissement des régions supérieures du membre opéré, se font aussi remarquer, quand l'animal ayant beaucoup souffert est resté long-temps dans un repos absolu. Le temps, l'exercice graduel et quelques frictions excitantes ou irritantes, font ordinairement disparaître ces effets de la douleur et de l'inaction prolongée.

Si l'opération du javart cartilagineux, telle que je viens de la faire connaître, est la plus généralement adoptée par les vétérinaires; si elle est, des procédés connus, celui qui offre le plus de garantie et de chances de succès, il est vrai aussi qu'elle oblige à des délabremens qui retardent beaucoup la guérison, qui peuvent même l'empêcher, par les accidens dont ils deviennent quelquefois la cause, et qui cependant ne servent qu'indirectement à l'obtenir : je veux parler de l'extirpation d'une portion de la muraille. Quel est, en effet, l'organe malade, celui dont l'extirpation importe essentiellement au succès du traitement ? C'est le cartilage seul, quand il n'y a pas de complications. L'extraction du quartier ne constitue donc pas l'opération, elle n'en est qu'un moyen ; mais combien ce moyen, qui en est le temps le plus douloureux, ne la complique-t-il pas quand il est mis à exécution par des mains peu exercées ! Combien la plaie qui en résulte ne demande-t-elle pas de soins dans certaines circonstances, pour que le sabot n'en soit pas déformé par la suite !

Ce fut sans doute parce qu'il avait reconnu les graves inconvéniens dont pouvait être suivi l'arrachement d'une aussi grande portion de la corne, que M. Huzard fils a conseillé un nouveau procédé par lequel on enleverait le cartilage sans toucher à la paroi. Voici comment cet auteur s'exprime à ce sujet, dans le tome VIII du nouveau *Cours complet d'agriculture* :

« Pour éviter la difformité qui accompagne
» toujours la croissance de la nouvelle corne
» après cette grande opération, quelques vété-
» rinaires ont songé à la pratiquer d'une autre

» manière, lorsque le pus n'avait pas encore fusé
» sous la corne. Au lieu d'enlever le quartier, ils
» se contentent de faire une large incision cruciale
» à la peau qui recouvre le cartilage carié, de
» manière cependant que les fistules et l'incision
» ne puissent produire aucune perte de tégu-
» mens. On détache les lambeaux de peau des
» parties sous-jacentes; on renverse les supé-
» rieurs sur le paturon, les inférieurs sur le sabot,
» et alors on enlève le cartilage en ménageant
» avec grand soin le bourrelet de la couronne.
» On rabat ensuite les lambeaux sur la plaie, on
» recouvre le tout d'un large plumasseau enduit
» de cérat, et l'on donne les mêmes soins qu'a-
» près l'autre opération. Celle dont il s'agit ici
» peut être un peu plus difficile pour l'opérateur,
» parce qu'il ne peut pas enlever aussi aisément
» tout le cartilage de l'os du pied; mais il laisse
» la corne dans toute son intégrité, fait moins
» souffrir l'animal, le met en état de travailler
» plus tôt, et exige moins d'appareil. »

Ce procédé, ainsi que M. Huzard fils le reconnaît lui-même, ne pouvant être mis en usage que
lorsque le cartilage seul est malade, ne saurait
remplacer dans *tous les cas* l'opération proprement dite; et en admettant la possibilité, la
facilité même de son exécution, il ne serait applicable que dans quelques circonstances parti-

culières : ainsi, il serait à rejeter toutes les fois que le javart serait la suite d'une bleime, d'une piqûre en talon, ou de toute autre cause qui aurait préalablement désuni la paroi ; toutes les fois que la carie du cartilage, bien que reconnaissant pour cause une contusion ou une plaie sur la couronne, serait compliquée d'une altération du tissu podophylleux ou de l'os du pied, puisque, dans ces cas, il y a nécessité d'enlever la muraille qui recouvre le mal, pour en apprécier la nature et l'étendue et y porter remède. En supposant maintenant les altérations bornées au seul cartilage, je ne pense pas que le procédé de M. Huzard puisse être avantageusement substitué à l'opération ordinaire. D'une part, en effet, se présentent des difficultés bien plus grandes dans l'exécution ; de l'autre, beaucoup d'accidens qui peuvent en être la conséquence prochaine ou éloignée. Je m'explique : s'il est vrai, comme je m'en suis convaincu, que dans l'état sain il faille beaucoup de temps et de dextérité pour extraire tout le cartilage, sans enlever la corne qui le recouvre en grande partie, combien à plus forte raison les difficultés ne seront-elles pas augmentées dans l'état morbide, où l'épaississement et l'induration de la peau de la couronne sont le plus souvent tels, qu'il serait impossible de renverser sur le sabot les lambeaux inférieurs dont la

rigidité est très-grande! Comment alors l'opérateur pourra-t-il extirper jusqu'à sa base le cartilage dont il aperçoit à peine le sommet? comment
évitera-t-il de blesser la capsule synoviale et le
ligament latéral antérieur, puisqu'il ne pourra
les distinguer? comment son instrument pourra-t-il être gouverné avec facilité et ménagement,
au fond d'une plaie où sa vue même ne peut
pénétrer? Et pourtant nous avons dit qu'il était
essentiel au succès de l'opération, qu'il ne restât
plus, ou que des parcelles très-minces du cartilage; nous avons reconnu à quel point pou-
vaient être graves les suites de l'entamure de la
capsule, et surtout du ligament latéral antérieur.
Enfin, en admettant même que l'opération fût
praticable sans danger, à quels signes certains
reconnaîtra-t-on qu'il n'y a pas déjà altération
des feuillets ou de l'os du pied? N'avons-nous
pas vu, en parlant du diagnostic, combien était
quelquefois obscure l'existence de ces complications? Or, dans le doute, la prudence comman-
derait de recourir à celle des méthodes opératoires qui est applicable à tous les cas.

1. Cependant je n'ai pas voulu rejeter le procédé
que conseille M. Huzard fils, par cette raison
seule qu'il me paraissait difficile et dangereux:
l'expérience contredit quelquefois ce que la
théorie semble établir de la manière la plus po-

sitive. J'en ai donc fait quelques essais dans le courant de l'année 1829, et leur résultat a confirmé mes prévisions. J'ai d'abord enlevé le cartilage par cette méthode sur des chevaux non affectés de javart, destinés aux expériences; et ce ne fut pas sans beaucoup d'attention et de difficultés que je parvins à ne pas blesser les parties qu'il importait de ménager. L'opération eut les suites les plus heureuses sur un de ces animaux; la plaie était bien cicatrisée, et l'animal ne boitait plus du tout six semaines après; on remarquait seulement qu'un cercle d'un demi-pouce à peu près de saillie s'était formé au biseau du côté opéré, et commençait à faire avalure : le sujet ayant été sacrifié, je pus me convaincre, par la dissection du pied, que le cartilage avait été totalement excisé, ce à quoi j'attribuai l'heureux résultat de l'expérience. Il n'en fut pas de même de l'autre cheval; deux mois après, il existait encore une fistule qu'on avait déjà cautérisée en vain à plusieurs reprises. Cet animal fut sacrifié, et je reconnus que la carie d'une portion du cartilage restée antérieurement et à la base, était la cause de cette fistule; j'avais cru pourtant que tout l'organe avait été extirpé.

L'occasion se présenta bientôt de faire des tentatives plus concluantes. Deux chevaux affectés de javarts furent envoyés par l'équarisseur.

Je les opérai suivant le mode de M. Huzard; l'opération fut très-difficile, et n'eut aucun résultat satisfaisant. L'un des deux chevaux ayant encore à la couronne une plaie assez étendue, à bords renversés, et de mauvais aspect, fut sacrifié cinquante-trois jours après l'opération. L'autre mourut au bout de soixante et un jours, d'une injection d'acide oxalique dans la poitrine. Chez ce dernier, il existait encore à la partie antérieure de la plaie une fistule par laquelle une exfoliation de l'os du pied était sortie deux jours auparavant. Ces expériences dans lesquelles j'ai été aidé par les élèves Lassaux, Lepeu, Huin et Viriat, et qui ont été suivies avec le plus grand soin, prouvent, je crois, assez clairement, que les avantages que peut présenter le procédé de M. Huzard fils sont loin d'être aussi grands que les dangers auxquels il expose. Je partage donc entièrement l'opinion de M. d'Arboval sous ce rapport; c'est une méthode opératoire qui jusqu'à présent ne saurait être adoptée.

Une modification du même procédé se trouve consignée dans les notes ajoutées à l'ouvrage de White par M. Delaguette (1); voici en quels

(1) *Abrégé de l'Art vétérinaire*, par White, traduit de l'anglais et annoté par Delaguette. Deuxième édition. Paris, 1827.

termes : « M. Pagnier, vétérinaire des gardes-du-
« corps de Monsieur, a amélioré l'opération du
« javart cartilagineux, en n'enlevant pas le quar-
« tier, et prévenant par-là la déformation du sabot.
« Après avoir aminci le quartier jusqu'à la rosée,
« le cheval étant abattu et le pied fixé, il fait
« une incision à la peau, qui part d'un peu au-
« dessus de la partie supérieure du cartilage,
« jusqu'au talon : il rabat le lambeau jusqu'au
« bourrelet, *met le cartilage à découvert*, et
« l'enlève. Il fait un point de suture à la partie
« antérieure et supérieure, et la suppuration
« s'écoule par le talon. La plaie n'est pas plus
« longue à se cicatriser, et le quartier n'ayant
« pas été altéré, on peut promptement employer
« la ferrure ordinaire. » Ce que j'ai dit du procédé
de M. Huzard fils trouve ici son application,
puisque ces deux méthodes ne diffèrent que par
la forme donnée à l'incision de la peau; elle est
cruciale dans le premier, elle est semi-circulaire
et suit le bord supérieur du cartilage dans le
second. Il en résulte que par le procédé de
M. Pagnier, le lambeau de peau étant beaucoup
plus large, et sa base plus épaisse et plus résistante, ne peut se renverser que très-difficilement
et ne permet de découvrir qu'une très-petite
portion de la partie supérieure du cartilage. Aussi
est-il tout-à-fait inexact de dire qu'en rabattant

ce lambeau, on met le cartilage à découvert, car dans l'hypothèse même où il serait possible de le rabattre complétement ( ce que son épaississement et son induration empêchent dans l'état maladif ), on ne découvrirait encore que le tiers supérieur de cet organe.

***

Après avoir fait connaître avec des détails proportionnés à leur importance, les principaux modes d'opération conseillés et mis en usage, il me reste, pour terminer ce travail, à rechercher si, comme le prétendent quelques vétérinaires, l'opération ou les agens de cautérisation peuvent être exclusivement employés dans le traitement du javart cartilagineux; et, dans le cas où il n'en serait pas ainsi, à indiquer s'il n'est pas des circonstances qui réclament plutôt tel mode de traitement que tel autre.

La méthode par les caustiques, la plus ancienne, avait été abandonnée par presque tous les vétérinaires français, après que les Lafosse eurent fait connaître tous les avantages que présentait l'extirpation du cartilage sur le moyen

de Solleysel. L'opération était donc généralement mise en usage avec plus ou moins d'ha-
bileté et de bonheur, lorsque M. Girard publia
ses observations sur le traitement du javart
cartilagineux par le deutochlorure de mercure (1). Ce travail, fruit d'une longue et judi-
cieuse expérience, fut accueilli avec un empres-
sement que justifiaient l'importance du sujet et
le nom de l'auteur. Dès-lors, la méthode par le
sublimé, comme M. Girard venait de la présenter, compta de nouveaux partisans. Plusieurs
vétérinaires revinrent à l'usage des corrosifs;
et la publication des succès obtenus par
quelques-uns d'entre eux, démontra qu'on
s'était trop hâté de renoncer à ce genre de
traitement. Mais il arriva ce qui arrive ordinairement, lorsqu'une idée susceptible de quelque
extension est émise par un homme de mérite :
M. Girard cherchait à tirer de l'oubli un moyen
qui, employé d'une manière convenable et avec
opportunité, pouvait avoir d'heureux résultats; il le conseillait comme devant, *autant
que possible*, être substitué à une opération
difficile et douloureuse, quelquefois suivie
d'accidens et de complications graves, et d'une

(1) *Nouvelle Bibliothèque médicale*, t. I, 1823, et *Recueil
de Médecine vétérinaire*, cahier de mai 1825.

guérison tardive ou imparfaite. On comprit mal ses intentions; et quelques-uns de ceux qui adoptèrent le traitement qu'il proposait, outrant les conséquences qu'il prétendait tirer de ses observations, proscrivirent l'opération comme pouvant *toujours* être avantageusement remplacée par l'application du sublimé corrosif. Il n'y eut pas jusqu'à la cautérisation actuelle qui ne fût bannie d'un traitement rationnel; et on alla jusqu'à assurer que, presque toujours après l'opération, le sabot restait difforme, et l'animal boiteux pour toute la vie, même dans les cas les plus simples, et lorsqu'elle avait été pratiquée dans les circonstances les plus favorables, et avec la plus grande dextérité (1).

D'un autre côté, plusieurs vétérinaires, et à leur tête M. d'Arboval, s'étayant de quelques tentatives infructueuses faites par eux avec le sublimé corrosif, proclamèrent l'insuffisance de la méthode curative dont il formait e base, sans tenir compte des nombreuses circonstances où elle avait été couronnée de succès dans d'autres mains que les leurs, et sans rechercher à quelle cause on pouvait attribuer ces résultats différens d'un même moyen.

(1) Barreyre, *Recueil de Médecine vétérinaire*, cahier de mai 1826.

Ainsi donc, il existe aujourd'hui deux opinions bien tranchées : d'après l'une, l'opération doit être bannie du traitement du javart cartilagineux ; elle offre trop de dangers, et peut être avantageusement remplacée par les caustiques : d'après l'autre, l'opération seule doit être mise en usage dans toutes les circonstances, les caustiques n'offrant pas ou que très-peu de chances de succès. L'examen impartial des argumens et des faits invoqués de part et d'autre, nous conduira, je pense, à la démonstration de cette vérité toute pratique : que, s'il est vrai que l'opération puisse être employée *dans tous les cas* avec de grandes chances de succès, il est constant aussi qu'il est des circonstances où on doit d'abord essayer les caustiques, puisqu'il y a de fortes probabilités que leur usage, beaucoup plus facile, aura des résultats curatifs aussi heureux et plus prompts que ceux de l'opération. Développons cette proposition à laquelle se rattache, selon nous, toute la thérapeutique du javart.

Et d'abord, est-il vrai que presque toujours l'opération déforme *à jamais* le sabot ? est-il vrai *que presque toujours* l'animal reste boiteux pour la vie, même dans les cas les plus simples, et lorsque l'opération a été pratiquée dans les circonstances les plus favorables et avec le plus de dextérité ? assurément, non. Sous ce rapport, M. Barreyre a commis une grande erreur, et je suis encore à concevoir comment un praticien a pu avancer avec autant de légèreté une proposition contre laquelle s'élève une masse imposante de faits. Je l'ai déjà dit, parce que je l'ai vu fréquemment, et surtout parce que j'ai été confirmé dans mon opinion par les vétérinaires les plus expérimentés de Paris où ces maladies sont si communes ; je le répète encore comme un fait avéré et raisonnablément incontestable : lorsque la carie n'affecte que le cartilage, que l'opération est *bien* exécutée, et les pansemens méthodiquement faits, il est *rare* que l'animal boite cinq ou six semaines après l'opération (1), qu'il ne puisse labourer au bout de vingt-cinq ou trente jours au plus tard, et reprendre les travaux au pas sur le pavé, après le deuxième mois, et quelquefois plus tôt. Je possède même plusieurs observations dont les sujets, après avoir été opérés du javart cartilagineux, font aujourd'hui des services de poste ou de diligence sans boiter le moins du monde.

Quant à la forme du sabot, sans doute elle est altérée après l'opération, puisqu'il y a né-

______

(1) Il ne faut pas oublier que la boiterie persiste ordinairement plus long-temps aux membres antérieurs.

cessairement un faux quartier; mais cette déformation n'existe pas *à jamais* ; elle n'est que momentanée, et lorsque l'avalure du nouveau quartier est complète, c'est-à-dire, au bout de sept à huit mois, le sabot est à très-peu de chose près aussi bien conformé qu'il l'était auparavant; ( il est bien entendu que je ne parle que des cas où le bourrelet n'aurait pas été endommagé. ) Si donc M. Barreyre a vu presque toujours l'opération, dans ces cas simples, être suivie des accidens qu'il signale, il est bien probable qu'on doit les attribuer à la manière dont l'opération a été pratiquée, ou au défaut d'une bonne méthode dans les pansemens.

Il est vrai qu'il arrive quelquefois que le sabot soit altéré dans sa forme, quelque bien entendus qu'aient été les soins du vétérinaire pendant et après l'opération; mais c'est qu'alors les ravages de la maladie s'étaient étendus jusqu'aux organes de sécrétion de la corne, et les avaient plus ou moins profondément altérés ou détruits. Dans ce cas, qu'on dise quel moyen aurait pu empêcher cette déformation? seraient-ce par hasard les caustiques, dont l'action s'exerçant sur les organes malades, n'aurait pu que les détruire dans une plus grande étendue? Je ne m'arrêterai donc pas davantage à réfuter l'assertion de M. Barreyre, sur la boiterie et la déformation du sabot considérées comme suites nécessaires et irrémédiables de l'opération ; il s'est évidemment trompé, et si j'avais besoin d'articuler des faits ou de citer des autorités pour en fournir la preuve, je n'aurais que l'embarras du choix.

Une circonstance principale, invoquée en faveur de l'emploi du sublimé corrosif, c'est que ce médicament aurait le précieux avantage de convertir le cartilage en une substance fibreuse inattaquable par la carie, et, dès-lors, de mettre pour jamais à l'abri du javart celui sur lequel il aurait été appliqué. En consignant ce fait curieux d'anatomie pathologique, M. Girard remarque avec raison que, pour que cette transformation de tissu ait lieu complétement, il est indispensable que l'action du caustique se fasse sentir directement *dans toute l'étendue du cartilage* : il faut donc qu'il détruise entièrement cet organe. Or, tel était l'effet de la méthode de Solleysel ; mais tel n'est pas celui du procédé de M. Girard. En effet, ce dernier conseille de porter sur le point carié seulement la boule ou le petit cône du sublimé corrosif ; il en résulte que la portion de cartilage qui avoisine le caustique se trouve seule convertie en escarre d'abord, et bientôt remplacée par cette substance fibreuse que la carie n'attaque pas : tout le reste du cartilage que n'a point atteint le sublimé, conserve son organisation primitive, et peut, comme auparavant, être affecté de carie sous l'influence des causes qui la déterminent. Ayant disséqué avec soin trois pieds, sur les cartilages desquels j'avais essayé deux mois auparavant l'application du sublimé, à titre d'expérience, j'avais acquis la certitude que la transformation fibreuse de cet organe par l'action du caustique, ne s'opérait que sur les points convertis en escarre; dans chacun des pieds, le reste du cartilage avait conservé tous ses caractères physiques, et ne paraissait nullement altéré dans son organisation; il pouvait donc être attaqué par la carie, s'il eût été exposé à ses causes. Les deux observations suivantes, recueillies sous les yeux de M. Vatel, en fournissent la preuve irrécusable.

Un cheval de diligence appartenant à un entrepreneur de voitures de Choisy-le-Roy, fut conduit aux hôpitaux de l'école en février 1827, affecté d'un javart cartilagineux existant en talon à la face interne du pied antérieur droit. Il fut traité par le sublimé corrosif, et rendu guéri à son propriétaire trente jours après son entrée aux infirmeries. Au mois de septembre suivant, ce cheval fut amené de nouveau à l'école, atteint d'une carie ayant son siége vers le milieu du même cartilage : le propriétaire assura que depuis sa première sortie, il n'y avait pas eu la moindre trace de maladie à cet endroit ; que l'animal avait toujours fait son service sans boiter, et que ce n'était que depuis environ quinze jours que le nouveau mal s'était déclaré. Cette fois, vu le siége du javart, on eut recours à l'opération, et l'inspection du cartilage confirma l'existence de la carie. L'autre fait, à peu près semblable, a été observé à l'entreprise des berlines de Charenton. Le cheval qui l'a fourni fut atteint, à la fin de l'année 1827, d'un javart en talon que M. Vatel traita et guérit par le sublimé corrosif. En juillet 1829, une nouvelle carie se déclara un peu en avant de l'endroit où la première avait existé. L'emploi du cautère actuel à deux reprises différentes amena la guérison au bout de cinq semaines.

Ce serait donc à tort qu'on prêterait à la méthode par le sublimé des résultats qu'elle n'a véritablement pas quand elle est employée partiellement, et qu'elle partage avec l'opération quand elle agit sur la totalité du cartilage. N'avons-nous pas vu, en effet, que, quelques mois après l'extirpation complète de cet organe, on retrouvait à sa place une substance fibreuse, résistante et élastique ; substance tout-à-fait la même que celle dont parle M. Girard, et qui, pas plus que cette dernière, ne peut se carier, puisque la carie dont nous nous occupons est une

maladie particulière au tissu fibro - cartilagineux?

Il est digne de remarque qu'on se soit tant
occupé des suites fâcheuses que pouvait avoir l'o-
pération par rapport au sabot, qu'on les ait même
autant exagérées, et qu'on n'ait pas dit un seul
mot des détériorations souvent inévitables et
toujours irremédiables, que peut occasionner à
cette boîte cornée l'emploi des caustiques.
Pourtant, elles sont assez fréquentes, assez visi-
bles et assez graves. Par exemple, il n'est pas
rare que les trajets fistuleux qui conduisent au
point carié, aient leur ouverture extérieure précisément sur le bourrelet; cette ouverture, quand
elle n'est pas le résultat d'un javart cutané, est
assez ordinairement peu étendue; en pratiquant
l'opération, on ne courrait pas risque de l'a-
grandir; elle se cicatriserait bientôt, et le bourrelet, conservé intact, donnerait naissance à une
paroi partout égale, et partout continue. En
sera-t-il de même, si on a recours à l'introduction
d'un cône de sublimé ou d'un cautère actuel?
Non, sans doute; le caustique ou le feu détruiront
plus ou moins largement la portion du bourrelet
qu'ils auront touchée, et plus tard, la muraille
descendant de partout ailleurs, excepté du point
désorganisé, il en résultera une dépression longitudinale profonde sur la portion correspondante

du sabot. La paroi n'étant plus formée dans cette dépression que par la matière cornée sécrétée par le tissu feuilleté, y sera dure, sèche, inégale et partout très-mince; et il y aura au moins difformité, si par la suite il n'y a pas boiterie. Tel est l'effet presque inévitable du feu, et surtout du sublimé, quand on est contraint de les appliquer sur le bourrelet ou à son voisinage, ce qui arrive assez fréquemment: effet que j'ai constaté, toutes les fois qu'on a amené à l'École des chevaux affectés du javart, et qu'on avait préalablement cautérisés à une ou plusieurs reprises; effet que j'ai fait remarquer aux élèves, sur des animaux qui maintenant encore existent aux environs de l'École, dont un appartient à M. Lecouteux, fermier à Créteil, un autre à l'entreprise des berlines de Charenton, un troisième à la poste d'Alfort.

Maintenant qu'il me paraît bien démontré, non-seulement que l'opération n'est pas aussi nuisible à la forme du sabot qu'on l'avait supposé assez gratuitement, mais encore qu'elle est, dans certaines circonstances, le seul moyen d'éviter la déformation qu'occasionnerait infailliblement l'emploi des agens de cautérisation, envisageons et comparons entre elles ces méthodes de traitement, sous le seul point de vue de leurs effets curatifs de la carie, et indépendamment de leur influence sur la forme du sabot ; cherchons s'il est vrai que, dans tous les cas, la cure par les caustiques soit plus certaine et plus prompte, en laissant autant que possible à la logique si puissante des faits, à décider cette question qui nous paraît bien simple.

Une vérité qu'aucun vétérinaire ne contestera sans doute, c'est que le succès de l'opération est certain, dans tous les cas où l'emploi des caustiques aurait pu réussir : mais peut-on renverser cette proposition ? peut-on dire que les caustiques auraient eu des résultats heureux, dans toutes les circonstances où l'opération a été couronnée de succès ? Il n'est pas besoin d'avoir vieilli dans la pratique pour répondre négativement.

Les chances de réussite seront incomparablement plus nombreuses par l'extirpation complète du cartilage, dans les circonstances suivantes :

1°. Lorsque la carie aura son siége vers la base ou la partie antérieure du cartilage ;

2°. Lorsque la fistule, bien qu'existant en talon, se continuera en dedans par des trajets sinueux que ne pourront suivre le cautère actuel ou le caustique ;

3°. Lorsque la mauvaise odeur de la suppuration, ou d'autres symptômes extraordinaires, pourront faire croire à des lésions autres que celles du cartilage, et qu'il importe de découvrir ;

4°. Enfin, lorsque déjà les caustiques ou le feu auront été mis en usage infructueusement.

Prouvons d'abord la vérité de ces assertions.

I<sup>re</sup> Observation ( *M. Renault, Recueil de Médecine vétérinaire, n° d'octobre 1827* ).

Cheval de trait, boitant du membre antérieur gauche. Il y a un mois qu'il est tombé dans les limons, et un des brancards ayant porté sur la face interne de la couronne, il en est résulté une écorchure peu considérable et un léger engorgement. D'abord la boiterie a été légère, elle a même disparu; mais depuis quinze jours, elle s'est manifestée de nouveau, après un voyage fatigant. Il n'y a plus de tuméfaction; il existe à la partie latérale de la couronne, au niveau du bout antérieur du cartilage, une fistule étroite et profonde qui se dirige un peu en arrière. On procède à l'application du sublimé, en suivant de point en point les préceptes consignés dans l'ouvrage de M. Girard, après avoir préalablement dilaté la fistule avec le cautère actuel. Douze jours après, chute de l'escarre; un bourbillon verdâtre de la grosseur d'un petit pois se montre au fond de la plaie; on l'extrait facilement avec des pinces. Au bout de dix-huit jours, la fistule toujours aussi profonde a repris son étroitesse première, et le pus grisâtre qui s'en écoule annonce la persistance de la carie : l'opération est pratiquée, et cinquante-cinq jours après le cheval est remis à son travail ordinaire.

## IIᵉ OBSERVATION (*idem*).

Petit cheval propre au bât. Il porte à la face interne de la couronne du pied postérieur gauche une petite plaie située sur la partie de cette région qui correspond au milieu de la base du cartilage. Au centre de cette plaie se trouve une ouverture fistuleuse dans laquelle la sonde pénètre à cinq ou six lignes de profondeur. On s'assure de la carie du cartilage, et on pousse au fond de la fistule un cône de sublimé qu'on y maintient avec étoupe et ligature. Au bout de quinze jours, chute de l'escarre ; il n'y a pas de tendance à la cicatrisation ; au contraire, la fistule devient de jour en jour plus profonde, et le pus continue à être de mauvaise nature. Nouvelle application du sublimé qu'on a bien soin de faire pénétrer jusque sur le point carié : l'escarre est détachée le onzième jour, mais la suppuration continue avec les mêmes caractères qu'auparavant : on procède à l'opération, et sept semaines après, l'animal portait la somme sans boiter, même sur le pavé.

### IIIᵉ Observation (*communiquée par M. Rossignol, médecin vétérinaire à Paris*).

Cheval entier, de trait, boiteux depuis huit jours d'une atteinte au côté interne du membre antérieur gauche. Une petite plaie oblongue existe sur la couronne, le biseau du sabot est fendu, pas de suppuration, engorgement chaud très-douloureux, boiterie extrême. (Saignées, cataplasmes émolliens, bains.) Deux jours après, on reconnaît une fistule profonde de six à sept lignes, dirigée de haut en bas, ayant son fond au milieu de la base du cartilage. La carie étant bien reconnue, on dilate la fistule avec un cautère actuel, et on introduit jusqu'au fond un petit cône de sublimé corrosif. Le quatorzième jour, l'escarre est tombée, et laisse à découvert la largeur d'une pièce de cinq sols du cartilage qui ne paraît pas carié ; la plaie est vermeille ; on panse avec des plumasseaux imbibés de vin tiède. Trois jours après, la plaie est sensiblement diminuée, le pus en petite quantité paraît de bonne nature : le cheval souffre moins et s'appuie mieux. Au bout de quatre jours, les douleurs sont plus vives, le pied malade est toujours levé, l'engorgement de la couronne est augmenté, un pus grisâtre, glaireux, s'échappe de la plaie; on reconnaît que la carie a fait de nouveaux progrès. Seconde application d'un cône de sublimé soutenu par des étoupes imbibées elles-mêmes d'une dissolution de ce médicament. Quelques jours après, on s'aperçoit que du pus de mauvais caractère s'échappe de dessous l'escarre : on ne juge pas nécessaire d'attendre sa chute, et on a recours de suite à l'enlèvement du cartilage, dont on reconnaît que la carie occupe toute la base, qu'elle a en grande partie détruite en s'étendant jusqu'à l'os du pied. Quarante jours après, le cheval a été ferré convenablement et a repris ses travaux ordinaires. M. Rossignol observe en terminant, que pendant toute la durée du traitement, il n'a fait que cinq pansemens ainsi qu'il suit : les deux premiers de dix jours en dix jours et les trois autres dans les vingt derniers jours.

#### IVᵉ OBSERVATION (*idem*).

Jument de carrosse atteinte depuis dix jours d'un javart au talon interne du pied postérieur gauche. La fistule se dirige de bas en haut et d'arrière en avant : la carie paraît exister un peu en avant du tiers postérieur du cartilage. Dilatation de la fistule avec le cautère actuel et introduction d'un cône de sublimé corrosif. L'escarre est complétement détachée le douzième jour; le pus est abondant et de mauvaise nature : nouvelle application du sublimé que l'on pousse jusque sur la carie. Huit jours après la chute de cette seconde escarre, on voit au fond de la plaie un point vert dont on sollicite avec précaution, mais inutilement, la sortie. On fait pénétrer sur ce point un troisième morceau de sublimé. La suppuration n'ayant pas changé de caractère, malgré cette dernière cautérisation, l'extraction du cartilage est pratiquée, et trente jours après, la jument est ferrée et remise à un léger travail.

## Vᵉ Observation ( *idem* ).

Un cheval de cabriolet, boiteux depuis deux mois d'un javart au pied postérieur du côté externe, a été pendant ce temps confié aux soins d'un charlatan des environs de Paris, qui se dit possesseur d'un spécifique pour guérir le javart sans opération. Ce spécifique consiste tantôt en une liqueur verte, tantôt en une liqueur blanche qu'il injecte dans les fistules, et dont il imbibe les plumasseaux qu'il y introduit (1). Malgré ces moyens, le cheval boite plus que jamais. La peau de la couronne du côté externe est désorganisée sur plusieurs points de son étendue, et le biseau presque partout décollé. Deux fistules s'ouvrent au dehors, et communiquent sur divers points du cartilage déjà en grande partie détruit par la suppuration. On pratique l'opération, et ce n'est que cinquante-six jours après que l'animal peut commencer à travailler. Le pied a été long-temps difforme, parce que les liqueurs corrosives qui avaient détruit la peau de la couronne, avaient aussi altéré le bourrelet.

VI<sup>e</sup> Observation (*Recueillie par M. D'Arboval, et consignée dans le Dictionnaire de médecine et de Chirurgie vétérinaires*).

Une jument affectée d'un javart cartilagineux (on ne dit pas à quel pied, ni à quel point du cartilage), est soumise au traitement par le sublimé. La portion cariée est convertie en escarre, tombe, et la fistule s'oblitère. Un mois après, apparition d'une nouvelle fistule

(1) L'eau verte est probablement une dissolution d'acétate de cuivre, et l'eau blanche une dissolution de sublimé.

auprès de l'ancienne : même traitement; même résultat; la bête paraît une seconde fois guérie. Au bout de six semaines, deux autres fistules apparaissent, l'une en avant, l'autre en arrière de l'ancienne cicatrice : on les dilate avec le cautère actuel, et on introduit dans chacune un cône de sublimé qu'on pousse jusque sur la carie. Ces moyens n'ayant pas amené la guérison, un vétérinaire est appelé, et pratique l'opération; la guérison eut lieu, et la jument put reprendre son travail au labour; mais elle resta un peu boiteuse (1). M. D'Arboval possède l'histoire de dix autres expériences, qui ont eu des résultats semblables ou très-analogues.

## VII<sup>e</sup> Observation ( *idem* ).

Une jument de labour est affectée depuis trois mois d'un javart, situé à la partie antérieure moyenne du cartilage interne de l'un des pieds postérieurs. Dilatation de la fistule; introduction du sublimé; chute de l'escarre le quinzième jour. On fait pénétrer alors au fond

(1) La boiterie fut vraisemblablement le résultat des détériorations produites au bourrelet et à la couronne par les applications de sublimé plusieurs fois répétées.

de la plaie une petite boule composée de deuto-chlorure de mercure et d'éther sulfurique; on recouvre le reste du trajet fistuleux d'une couche de la première des substances réduite en poudre. Le même pansement est répété à la chute de chaque nouvelle escarre. Le point correspondant à la capsule est garanti de l'action du caustique par une boulette d'étoupe qu'on a soin d'interposer, lorsqu'on s'aperçoit de l'amincissement extrême du cartilage à cet endroit: on injecte la dissolution de sublimé dans les fistules où la poudre ne peut aisément pénétrer. Ce traitement n'a fini, et la guérison n'a eu lieu que lorsque le cartilage s'est trouvé entièrement détruit.

VIII<sup>e</sup> Observation ( *M. Prevost, Journal pratique de médecine vétérinaire, n° de septembre 1827 ).*

Un vieux cheval de menuisier, affecté d'un javart cartilagineux, est traité successivement par le feu et les caustiques. Aucun de ces moyens n'est couronné de succès. Le cheval ne valant pas la peine d'être opéré, est sacrifié.

IX<sup>e</sup> Observation (*M. Barreyre, Recueil de Médecine vétérinaire, mai* 1825).

Un cheval anglais, de quinze ans, étant atteint d'un javart encorné, on enlève la portion de paroi détachée; et comme il n'existe pas de fistule apparente, on procède à l'application de l'appareil. Au bout de quelques jours, une fistule se déclare, et on reconnaît la carie du cartilage. Des injections de sublimé en dissolution sont essayées et continuées pendant douze jours. Une légère escarre se forme; la suppuration diminue, mais elle reparaît aussitôt qu'on cesse les injections. Ce moyen faisant perdre beaucoup de temps, et la carie persistant, toujours, on en vient à l'opération.

X<sup>e</sup> Observation (*idem*).

Une jument d'artillerie, âgée de sept ans, est affectée d'un javart encorné. Le pus fuse sous la sole. Sur le cartilage interne, qui, du reste, ne paraît pas autrement altéré, existe une tumeur du volume d'un œuf de poule. La moitié de la paroi est enlevée avec toute la sole et une portion de l'os ; les tégumens sont soulevés pour extirper la tumeur, et un appareil convenable est appliqué. Quinze jours après, tout paraissait bien aller, lorsqu'un foyer purulent s'établit précisément à l'endroit de la tumeur enlevée. Deux ouvertures donnent issue aux produits de la suppuration. Pendant trois semaines, on panse sans succès avec de la teinture d'aloès. L'une des fistules persiste toujours; on y plonge un cautère à olive incandescent. L'escarre se forme; la suppuration est supendue pendant quelque temps, mais bientôt elle reparaît et persiste. La plaie a un mauvais aspect. Seconde cautérisation, qui reste aussi sans succès. On pratique l'opération.

Il est à regretter que dans ces deux observations, M. Barreyre n'ait pas fait connaître quelles avaient été les suites de l'opération.

XI<sup>e</sup> OBSERVATION (*communiquée par M. Decoste, vétérinaire en chef aux cuirassiers de Berri*).

Un cheval prend un clou de rue, qui pénètre peu profondément entre la sole et la fourchette, au côté interne du talon du pied postérieur gauche. Le clou ayant été immédiatement retiré, l'animal continue sa route sans boiter. Au bout de plusieurs jours, et après une marche forcée sur un terrain caillouteux, la claudication est très-forte. On pare le pied, et on donne issue à une grande quantité de pus amassée sous la sole du talon. (Amincissement de la sole, pansement, cataplasme émollient autour du pied.) Le malade étant obligé de suivre le régiment, la boiterie augmente. Un abcès se forme à la couronne en talon; on l'ouvre, et on reconnaît la carie du cartilage. (Cautérisation avec le cautère en pointe, pansement, cataplasme émollient.) Après trois jours de mieux, apparition d'un nouvel abcès en avant du premier. (Nouvelle cautérisation, mêmes soins.) L'amélioration qui suit cette seconde opération est si sensible, que le cheval pourrait être monté au bout de quelques jours; cependant on continue l'usage des cataplasmes. On croyait la guérison complète, lorsqu'une nouvelle collection purulente se forme vers la partie moyenne du cartilage. Troisième cautérisation plus profonde que les précédentes, mais non plus heureuse; car de nouveaux abcès s'établissent successivement d'arrière en avant, et nécessitent chaque fois l'emploi du cautère actuel, jusqu'à ce qu'enfin le cartilage soit entièrement détruit par la carie. Alors les plaies deviennent belles, la suppuration de bonne nature, et le dégorgement des parties s'opère presque entièrement.

M. Decoste a remarqué que les fistules antérieures furent beaucoup plus long-temps à se cicatriser que les postérieures. Il ajoute, en terminant cette observation, qu'elle n'est pas la seule
de ce genre qu'il possède; que déjà auparavant, il
avait eu plusieurs fois l'occasion de constater le
peu de certitude des effets curatifs des agens de
cautérisation contre la carie du cartilage, notamment quand elle a son siége à la partie antérieure
de cet organe; et que s'il n'a pas opéré de suite
le sujet de cette observation, c'est qu'il craignait
que le régiment qui était alors en Espagne, ne
reçût d'un jour à l'autre l'ordre du départ.

A ces exemples, que je ne veux pas multi-
plier, j'ajouterai quelques citations empruntées
à des ouvrages récens, et dont les auteurs ont
des titres mérités à la confiance des vétérinaires.
On lit dans le *Traité du pied*, par M. Girard
( 2ᵉ édition ), à l'article *Javart cartilagineux*,
page 175 : « Le procédé par ablation du carti-
« lage est aujourd'hui le plus général, et pres-
« que le seul employé dans la chirurgie vétéri-
« naire; les caustiques et le feu ne sont commu-
« nément employés que dans le principe du
« mal, comme des essais dont l'application in-
« considérée ne contribue qu'à aggraver la ma-
« ladie, à retarder la guérison, et à la rendre,
« quelquefois impossible. »

*Idem*, page 188 : « L'expérience a constaté
« que les agens de cautérisation réussissent beau-
« coup mieux en talon, qu'à la partie antérieure
« du fibro-cartilage. ».

*Idem*, page 193 : « Malheureusement, l'ap-
« plication des caustiques n'a de résultats bien
« avantageux que dans le cas de fistules sises en
« talon ; elle est toujours incertaine, lorsque l'ul-
« cération se trouve en avant de cette partie.
« Ainsi que nous l'avons fait remarquer, la
« substance portée immédiatement sur le point
« malade fait bien disparaître la carie, mais elle
« ne change pas la disposition du fibro-cartilage
« à de nouvelles altérations de même nature ;
« tout semble prouver, au contraire, qu'elle
« l'augmente. De là, la formation d'autres fis-
« tules qui se montrent pendant ou peu après
« la guérison de celles qui ont été attaquées par
« le deuto-chlorure de mercure. Une première
« cautérisation étant infructueuse, en nécessite
« conséquemment une seconde, parfois une
« troisième, une quatrième, etc. (1). »

(1) Ces extraits de la deuxième édition du *Traité du pied*
trouvent d'autant mieux leur place ici, qu'on s'est souvent
appuyé de l'autorité de M. Girard pour rejeter aveuglément
l'opération du javart cartilagineux, et préconiser l'emploi ex-
clusif des agens de cautérisation, et plus particulièrement du
sublimé corrosif.

On lit dans les *Élémens de pathologie vétéri-naire* de M. le professeur Vatel : « Lorsque les
« fistules du javart s'étendent profondément,
« qu'elles se dirigent vers la capsule, le ligament
« latéral antérieur, ou la base du fibro-cartilage,
« il est préférable de mettre en pratique l'opéra-
« tion par ablation ».

Enfin, voici la réponse écrite que m'adressa
un des vétérinaires les plus distingués de Paris,
M. Bouley jeune, à qui j'avais demandé son avis
sur ce point de pratique : « Lorsque la carie a
« son siége à la partie antérieure du cartilage, je
« n'emploie jamais la cautérisation ; je regarde
« ce moyen comme ne devant être employé dans
« cette circonstance qu'avec beaucoup de circons-
« pection, et je doute qu'il puisse jamais réussir
« aussi bien que postérieurement ».

Quand, aux faits que j'ai rapportés, viennent
s'ajouter des noms aussi recommandables, des
autorités aussi imposantes, je n'ai plus besoin,
je crois, de plaider en faveur de cette proposition : que l'ablation complète doit être préférée
à tous les autres moyens connus, toutes les fois
que la carie a son siége vers les parties moyenne
ou antérieure du cartilage (1).

(1) Cette différence dans les résultats d'un même moyen,
suivant qu'on l'applique à tel ou tel point de cet organe, n'a

Il ne faudrait cependant pas conclure de ce qui précède, que les moyens de cautérisation doivent toujours être employés, lorsque les fistules existent en talon : car il peut très-bien se faire que leur ouverture extérieure se trouve à la partie postérieure, et qu'elles s'étendent en avant à une profondeur que l'irrégularité de leur trajet ne permet pas toujours d'apprécier. D'un autre côté, si les fistules viennent aboutir sur le bourrelet, n'y a t-il pas un grave inconvénient à

rien qui doive étonner celui qui tient compte de l'organisation différente du fibro-cartilage à ses parties antérieure et postérieure. En effet, si nous nous rappelons, 1º que vers sa base et sa partie antérieure (j'en excepte le bord tout-à-fait antérieur qui est presque fibreux et mince), la substance de cet organe a la plus grande ressemblance avec le tissu cartilagineux proprement dit; 2º que ce tissu ne jouit qu'à un très-faible degré des propriétés vitales; 3º que l'inflammation qui s'y développe sous l'influence des irritans extérieurs est très-lente dans sa marche, et se termine ordinairement par la carie; 4º que celle-ci fait des progrès tant qu'elle trouve un aliment, c'est-à-dire, tant qu'il existe du cartilage : il nous sera facile d'expliquer par le seul raisonnement la fréquente inefficacité de la cautérisation dans le cas de javart sur cette région du fibro-cartilage de l'os du pied. Par exemple, admettons une carie déjà établie à la partie antérieure ou à la base de cet organe; le point mortifié se trouvant en contact avec du tissu cartilagineux, déterminera une irritation dont la conséquence inévitable sera la carie. Si, voulant éviter ce contact du point carié sur les parties qui lui font continuité, on le détruit avec le feu ou un caustique quelconque, on détermine sur des porter sur cet organe d'une importante sécrétion, des agens dont les effets inévitables seront de détruire à jamais la partie qu'ils en auront touchée, et conséquemment de déformer le sabot sur ce point de son étendue? Et puis, s'il arrivait que, malgré deux, trois ou quatre cautérisations successives, la carie persistât toujours, et qu'après avoir perdu six semaines, deux mois et plus, on fût obligé d'en venir à l'opération;

tissus non susceptibles de suppurer, un autre genre d'irritation qui, *dans le plus grand nombre des cas*, se terminera encore par la carie, même avant la chute de l'escarre; ou bien, si l'escarre tombe avant cette terminaison, ce qui est rare, le tissu cartilagineux ne pouvant par sa structure se recouvrir que très-lentement de bourgeons charnus, reste exposé presque à nu au contact de l'air, s'enflamme, se carie, et il faut avoir recours à une nouvelle cautérisation, avec les mêmes chances d'insuccès.

Supposons, au contraire, que la carie n'existe qu'à la partie postérieure: là, la substance du fibro-cartilage est moins dense, moins homogène; l'existence du tissu cellulaire est démontrée, et on conçoit alors la possibilité d'une inflammation éliminatoire. Il y aura lieu de l'espérer, surtout si le point carié est un de ces noyaux cartilagineux qui semblent complétement entourés de tissu fibro-cellulaire, comme on en trouve tout-à-fait à la pointe des talons. Dans ce cas, on se rend bien compte des effets salutaires de la cautérisation: la carie est convertie en escarre; l'inflammation change de nature, et devient suppurative; des bourgeons charnus se développent sous l'escarre que le pus soulève et détache, et la plaie, devenue simple, ne tarde pas à se cicatriser.

combien le vétérinaire n'aurait-il pas à se re-
pentir de n'avoir pas eu recours tout d'abord à
un moyen dont l'effet, un peu plus long à la
vérité, était en revanche beaucoup plus certain!
Combien le propriétaire qui n'aurait pas conçu
les motifs du vétérinaire dans l'essai de la cautérisation, ne lui ferait-il pas de reproches, souvent injustes à la vérité, ne considérant que le
long espace de temps pendant lequel son cheval
n'aurait pu travailler, et les dépenses qu'il lui
aurait occasionnées! Ces derniers inconvéniens
sont beaucoup plus sensibles dans les grandes
villes que dans les campagnes, où les chevaux,
généralement moins irritables, peuvent travailler sur les terrains doux et meubles, pendant
presque tout le temps que dure le traitement
par la cautérisation. Aussi doit-on toujours, sur
ces animaux et dans de telles localités, essayer
d'abord les caustiques ou le feu, même au risque
d'altérer un peu le bourrelet; car sur eux, une
déformation du sabot est, sous tous les rapports,
d'une gravité bien moindre que sur un cheval
de selle, d'attelage, ou destiné à faire un service
continuel sur le pavé des grandes villes.

En résumé, il n'y a d'avantage réel à mettre
en usage le cautère actuel ou les caustiques, que
lorsque le cheval affecté du javart peut être employé pendant le traitement à un travail léger

sur un terrain doux; et surtout lorsqu'on est certain que le cartilage seul est malade, et que la carie ne s'étend pas au-delà du tiers ou tout au plus de la moitié postérieurs du cartilage. Dans toute autre circonstance, il est prudent d'avoir recours à l'opération.

FIN.

# EXPLICATION DE LA PLANCHE.

——

## FIGURE Iʳᵉ.

Elle représente un pied de grandeur naturelle, préparé pour l'opération du javart cartilagineux. Tout le quartier a été enlevé depuis la limite antérieure du cartilage, à peu près, jusqu'au talon, et laisse voir les parties suivantes :

A.  *Muraille* du sabot (*paroi*).

a.  *Biseau* de la muraille.

B.  Épaisseur conservée de la sole.

C.  *Fourchette.*

DD. Portions du *périople* (*ligament* ou *bande coronaire*).

E.  *Tissu podophylleux* (*tissu feuilleté* de l'os du pied, *chair cannelée*).

F.  *Bourrelet* (*cutidure*, par Bracy-Clarck). Organe de sécrétion de la muraille.

GG. Ligne de démarcation entre le bourrelet et le tissu po-dophylleux. C'est suivant cette ligne qu'on doit faire une incision, depuis la paroi conservée jusqu'au talon, pour faciliter l'introduction de la feuille de sauge double sous le bourrelet, et détacher la peau du cartilage.

H.  Branche tronquée du fer à javart.

# FIGURE IIᵉ.

Le pied est préparé pour l'étude anatomique de cette région. Tout un côté de la muraille a été enlevé; la peau qui revêt le cartilage en a été détachée, et laisse voir près des deux tiers postérieurs de cet organe, dont la partie antérieure a été extraite pour découvrir les organes sous-jacens qu'il est si important de ne pas blesser pendant l'opération.

A.  Partie postérieure du fibro-cartilage ne recouvrant que du tissu fibro-graisseux. L'espace que circonscrit la ligne de points qui fait continuité à cette portion, est exactement celui qu'occupait la partie antérieure qu'on a enlevée.

B.  *Ligament latéral antérieur.* On voit que ce n'est que dans son tiers postérieur qu'il est recouvert par le cartilage.

C.  Ligament appelé improprement *latéral postérieur.*

D.  Portion apparente de la *capsule synoviale* de l'articulation du deuxième avec le troisième phalangien. C'est cette membrane qu'on est exposé à ouvrir pendant l'opération.

E.  Terminaison du tendon des muscles extenseurs du pied. Cette expansion tendineuse se lie au cartilage par une production fibreuse très-résistante, qui semble faire continuité à ces deux organes, et recouvre entièrement les deux tiers antérieurs du ligament latéral antérieur.

F.  *Éminence tubéreuse* de l'os du pied, sur laquelle est implantée la base du fibro-cartilage. C'est de ce point que procède constamment l'ossification de cet organe.

# Figure III<sup>e</sup>.

Cette figure est destinée à montrer comment est confectionnée l'éponge d'un fer à javart, munie d'un crochet et d'un prolongement.

A. Prolongement à crochet, imaginé par Desplas, pour soustraire la partie molle des talons à la pression de la ligature.

B. Petit appendice faisant continuité à l'éponge, destiné à empêcher la ligature de glisser à la partie inférieure du fer (1).

(1) Par suite d'un malentendu avec le dessinateur, le pied représenté ici est un pied à talons hauts et forts, et par conséquent un des moins propres à faire apprécier l'utilité du fer à crochet, comme je l'ai modifié. En effet, cette sorte de fer n'est convenable que dans les pieds à talons bas, où la ligature doit nécessairement porter sur la partie molle des talons. Or, plus les talons sont bas, plus les fibres en sont obliques, et plus le prolongement à crochet doit être oblique lui-même. Par suite de cette obliquité très-grande du prolongement à crochet, la ligature qui passe par-dessus serait exposée à glisser et à s'échapper par en bas, si elle n'était arrêtée par le petit appendice qui continue l'éponge de quelques lignes.

FIN DE L'EXPLICATION DE LA PLANCHE.

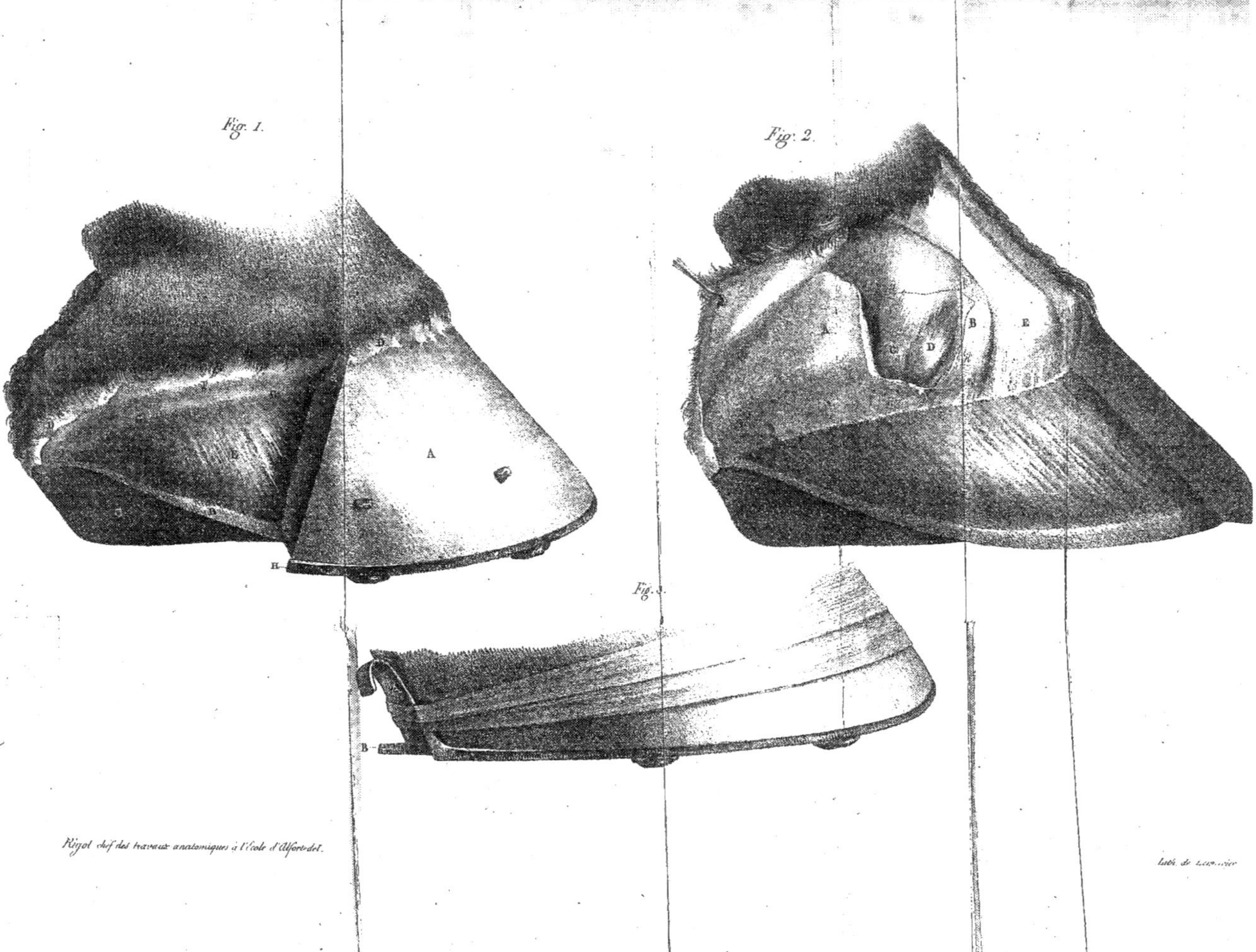
Fig. 1.
Fig. 2.
Fig. 3.
Rigot chef des travaux anatomiques à l'École d'Alfort del.
Lith. de Lemercier.

www.ingramcontent.com/pod-product-compliance
Ingram Content Group UK Ltd.
Pitfield, Milton Keynes, MK11 3LW, UK
UKHW022213120726
13694UKWH00002B/524